高等职业教育旅游类专业系列教材

云南省高职高专教学质量与教学改革工程

翡翠鉴赏与文化基础

FEICUI JIANSHANG YU WENHUA JICHU

◎主　编　赵晋祥　张　皙

◎副主编　黄绍勇　姜彬霖　印　欢　刘　妮

U0352845

重庆大学出版社

内容提要

本书共分7个项目，25个任务，主要任务分别为翡翠的由来、翡翠的颜色、质地、水头、瑕疵类型、翡翠的种、翡翠成品的鉴定、翡翠与相似宝石的区别、翡翠毛料的分类、翡翠毛料的鉴别、翡翠赌石、翡翠玉石文化、翡翠制品的选购原则、翡翠的营销技巧等。本书注重知识和技能的结合，注意实践能力的培养，根据各项目下的任务内容和教学需要，分别设计了实训模块以及实训考核评价表，具有很强的实用性。

本书可作为高职高专院校宝玉石相关专业师生的教材和参考用书，或作为翡翠爱好者研究翡翠的专业用书，也可作为翡翠从业人员学习参考用书。

图书在版编目（CIP）数据

翡翠鉴赏与文化基础 / 赵晋祥，张皙主编. — 重庆：
重庆大学出版社，2017.1
高等职业教育旅游类专业系列教材
ISBN 978-7-5689-0218-2

Ⅰ. ①翡… Ⅱ. ①赵…②张… Ⅲ. ①翡翠—鉴赏—
高等职业教育—教材 Ⅳ. ①TS933.21

中国版本图书馆CIP数据核字（2016）第258542号

高等职业教育旅游类专业系列教材
翡翠鉴赏与文化基础
主　编　赵晋祥　张　皙
副主编　黄绍勇　姜彬霖　印　欢　刘　妮
责任编辑：顾丽萍　　版式设计：顾丽萍
责任校对：张红梅　责任印制：赵　晟

＊

重庆大学出版社出版发行
出版人：易树平
社址：重庆市沙坪坝区大学城西路21号
邮编：401331
电话：（023）88617190　88617185（中小学）
传真：（023）88617186　88617166
网址：http：//www.cqup.com.cn
邮箱：fxk@cqup.com.cn（营销中心）
全国新华书店经销
重庆共创印务有限公司印刷

＊

开本：787mm×1092mm　1/16　印张：8.25　字数：190千
2017年1月第1版　　2017年1月第1次印刷
印数：1—2 000
ISBN 978-7-5689-0218-2　定价：33.00元

编委会

总　序

随着中国经济转型发展的不断深入，旅游业已经成为经济新常态的亮点和发展方向之一。根据世界旅游组织的预测，2020年中国将成为世界第一大旅游目的地国家，并成为世界第四大旅游客源国。云南省凭借得天独厚的自然旅游资源、丰富的人文旅游资源，云南旅游业得到了快速发展，已成为云南省重要的支柱产业和推动经济社会又好又快发展的重要引擎。为积极融入国家"一带一路"战略，实现"旅游强省"发展战略目标，云南迫切需要造就和聚集一支高素质的旅游人才队伍，以满足旅游产业全域式发展，推动全省旅游服务向国际化、标准化、专业化和品牌化的方向发展。高职高专旅游教育作为云南旅游教育的重要组成部分，肩负着为云南旅游业培养大量的应用型旅游专业人才的重任。

在研究和分析目前众多旅游高职高专系列教材优缺点的基础上，在云南省教育厅和世界银行贷款云南省职业教育发展项目云南省项目办的关心支持下，在英国剑桥教育集团、云南旅游职业学院校企合作、专业建设指导委员会的具体指导下，我们按照高职高专教育特点、符合高职高专教育要求和人才培养目标，既有理论广度和深度，又能提升学生实践应用能力，满足应用型旅游专业人才培养需要的专业教材目标，组织由企业、行业专家和学院骨干教师组成的教材开发团队编写了能覆盖旅游高职高专教育多个专业的8本"高等职业教育旅游类专业系列教材"。

本系列教材具有以下三个特点：

1. 按照"能力本位"原则确定课程目标。扭转传统教材目标指向，由知识客体转向学生主体，以学生心理品质的塑造和提升为核心目标，并通过其外部行为的改变来反映这些变化，突出培养学生在工作过程中的综合职业能力，充分体现了高等职业教育的职业性、实践性和实用性。

2. 坚持"行业、企业"专家导向组织内容。采用"行（企）业专家+专业教师+课程专家"的开发模式。打破传统教材开发形式，基于行（企）业专家提出的典型工作任务，在课程专家指导帮助下，由专业教师提炼出适配的知识、技能和态度等方面的教育标准，再通过多种技术方法设计教学任务。形成满足酒店管理、导游、旅游英语、空中乘务、休闲服务与管理、宝玉石鉴定与加工、计算机信息管理（旅游方向）等多个专业使用的教材。

3. 运用"学生能力本位"思想安排教学。由"教程"向"学程"，转变传统课堂教育中教师的主宰地位，成为促进学生主动学习的组织者和支持者，强调和重视学习任务与学生认知规律保持一致。保持各专业系列教材之间，课堂教学和实训指导之间的相关性、独立性、

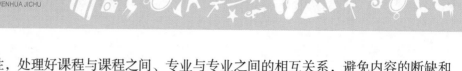
衔接性与系统性，处理好课程与课程之间、专业与专业之间的相互关系，避免内容的断缺和不必要的重复。

作为目前全国唯一的得到世界银行支持的高等职业教育旅游类系列教材，我们邀请了英国剑桥教育集团课程开发专家和云南省世界银行贷款项目办的教育专家作为本系列教材的顾问和指导，也邀请了多位在旅游高职高专教育一线从事教学工作的国内旅游教育界知名学者和企业界有影响的企业家参与本系列教材的编审工作，以确保系列教材的知识性、应用性和权威性。

本系列教材的第一批教材即将出版面市，我们想通过此套教材的编写与出版，为构建现代高等职业教育教材开发建设探索一种新的教材编写和出版模式，并力图使其成为一个优化配套的、被广泛应用的、具有专业针对性和学科应用性的旅游高职高专教育的教材体系。

云南旅游职业学院
2016年8月

 # 前　言

　　随着中国经济的快速发展和国际地位的不断提高，中国的珠宝行业也在21世纪得到了巨大发展，尤其是玉石行业因为有着几千年的玉石文化传承，使得大部分国内家庭都想要拥有一件甚至多件玉器首饰或工艺品，作为玉石之王的翡翠理所当然地成为了市场追捧的热点。为了更好地适应我院学生的实际情况，在云南旅游职业学院专业建设指导委员会的指导下，在重庆大学出版社的组织协调下，本着培养符合时代要求的应用型人才这一前提，云南旅游职业学院宝玉石专业教师们从实际情况出发，编写了这本《翡翠鉴赏与文化基础》教材。从实际出发，就必须根据学生的接受能力，以必需、够用为指导思想，轻理论，重实践，且突出文化为原则。本书注重了内容和体系的建设，以及实训教学方法和手段的应用，紧密结合了宝玉石专业的技能要求进行编写。

　　本书是编者们针对云南省作为翡翠集散地之一的市场现状开设的《翡翠》课程所量身定制的。本书从翡翠最浅显的知识，到翡翠各方面的鉴赏，再到翡翠赌石以及翡翠文化，一步一步均根据翡翠市场现状进行针对性编写。本书同样力求针对性教学，使学生从课程中体会并掌握翡翠鉴赏的技能，并对翡翠文化有深入理解，着重培养学生肉眼鉴赏翡翠的能力。

　　本书由赵晋祥、张晢任主编，黄绍勇、姜彬霖、印欢、刘妮任副主编。全书由赵晋祥、张晢、黄绍勇、姜彬霖、印欢、刘妮共同完成。具体分工如下：张晢执笔项目1；赵晋祥执笔项目2和项目4；刘妮执笔项目3；印欢执笔项目5，项目6中的任务3和项目7中的任务4；姜彬霖执笔项目6中的的任务1、任务2；黄绍勇执笔项目7中的任务1至任务3。全书由赵晋祥与张晢共同进行了统编和定稿。

　　教材编写过程中得到了云南莱泽珠宝有限公司的姜孟金和蔡昆龙的大力支持，并对全书进行了审核。本书参考和引用了部分其他翡翠相关书籍的内容，均已在参考文献中标注，在此，编者对前辈们的宝贵成果致以诚挚的感谢。

　　由于编者水平有限，加之时间仓促，因此书中难免存在不妥之处，望读者和同行朋友批评指正，以便进一步修订。

　　最后，向为本书出版付出辛勤汗水的同志们表示衷心的感谢！

编　者

2016年6月

目　录

项目 ① 初识宝玉

【知识目标】

1. 了解中国传统玉石文化；
2. 掌握玉的概念以及主要玉石品种；
3. 掌握中国四大名玉。

【能力目标】

能知道玉石的含义和翡翠的含义。

【素质目标】

激发学生对本门课程学习的积极性。

【知识模块】

　　"玉"在中国古代文献中是指一切温润而有光泽的美石，其内涵较宽。汉代许慎在《说文解字》中对玉的解释是："玉，石之美者。"这一注解从物质（石）和艺术（美）两个方面科学地阐述了"玉"字的概念。

　　"玉"字始于中国最古的文字——商代甲骨文和钟鼎文。汉字曾造出从玉的字近500个，而用玉组词更是不计其数。汉字中的珍宝等都与玉有关，后世流传的"宝"字，是"玉"和"家"的合字，这使"玉"显示出它不可替代的价值。

　　"玉"字在古人心目中是一个美好、高尚的字眼，在古代诗文中，常用玉来比喻和形容一切美好的人或事物。如：以玉喻人的词有玉容、玉面、玉女、亭亭玉立等；以玉喻物的词有玉膳、玉食、玉泉等；以玉字组成的成语有金玉良缘、金科玉律、珠圆玉润、抛砖引玉等；有关玉的民间传说和故事如《和氏之璧》《弄玉吹箫》《女娲补天》等，更有多少人把自己心爱的儿女以玉来起名，如贾宝玉、林黛玉。

　　玉石之美与钻石和彩色宝石有明显的差异，钻石之美在于它的坚硬、清澈、明亮，彩色宝石之美在于它的艳丽多姿，而玉石之美在于它的细腻、温润、含蓄、幽雅。

　　玉，自古便是高贵和纯洁的象征，有幸觅得一方久已心仪的美玉，是一种缘分，更是一种福分。俗话说黄金有价玉无价。千百年来人们身上佩戴玉，室中陈设玉，相互交往中赠送玉，礼仪活动中使用玉，玉在中华民族文化中占有非常重要的地位。

　　玉的文化就是中国五千多年的文化，它是中国的一种特殊文化，充溢了中国整个历史时期，因此形成了中国人传统的用玉观念，这就是尊玉、爱玉、佩玉、赏玉、玩玉。所以君子爱玉，希望在玉身上寻到天然之灵气。

　　中国是生产玉器历史最悠久、经验最丰富、延续时间最长的国家。据考古发掘的材料表明，中国早在距今7 000多年前的新石器时代就已经利用天然玉料制作精细的工具和装饰品。后来，采用的玉料逐渐精选，雕琢的技术不断提高，制作的工艺日趋完美，其传统绵延不绝，一脉相传直至今日。在世界各国人的心目中，玉器和中国的关系就像瓷器、茶叶与中国的关系一样密切。

还有一个重要原因是玉在中国一直被奉若神明，深得统治阶级的推崇，他们把玉本身的特性加以道德观念的延伸，使得玉在政治、经济、文化、思想、伦理、宗教各个领域中充当着特殊的角色，发挥着其他工艺美术品所不能取代的作用。如皇帝的"皇"——白色的玉；皇帝的信物——玉玺。

古人用各种玉石制作了大量的功能性和装饰性玉器，对各类玉石的认识也逐渐丰富了起来。随着时间的不断推移，现代人对玉石的认识更加全面。什么是玉石？

从我国用玉的历史来看，只是在商代以后才大规模使用新疆和田玉，而在此之前各地使用的玉材基本上是就地取材的各种美石。因此，中国玉的定义，不能单纯地依赖现代矿物学的标准，而应该从历史的角度出发，尊重传统的习惯，把广义的玉作为研究玉器、玉文化的对象。

狭义的玉，是专指硬玉（翡翠）和软玉（和田玉）。其余另将有工艺美术用途的岩石，称为彩石类，而有工艺要求的矿物晶体则称为宝石类。依据亚洲宝石协会（GIG）的研究，软玉狭义上是指和田玉，广义上包括岫岩玉、南阳玉、酒泉玉等十多种软玉。很多软玉历史同样悠久，如岫岩玉。而硬玉只指翡翠。

广义的玉是指由自然界产出的、颜色艳丽、光泽滋润、质地细腻、坚韧且琢磨、雕刻成首饰或工艺品的多晶质或非晶质的天然矿物集合体或岩石。如翡翠（图1.1、图1.2）、软玉（图1.3、图1.4）、玛瑙、独山玉（图1.5）、绿松石（图1.6）、岫玉（图1.7）以及寿山石、青田石、鸡血石等。

图1.1 翡翠饰品

图1.2 翡翠饰品

图1.3 软玉饰品

中国古代最著名的玉石是新疆和田玉，它和河南的独山玉（图1.5）、湖北的绿松石（图1.6）和辽宁的岫玉（图1.7）统称为中国的四大玉石。

和田玉的矿物组成以透闪石、阳起石为主，呈白色、青绿色、黑色、黄色等不同色泽。玉质为半透明至微透明，抛光后呈蜡状光泽。和田玉的经济价值评定依据是颜色与质地之纯净度。其主要品种有羊脂白玉、白玉、青白玉、青玉、黄玉、糖玉、墨玉。

图1.4 软玉饰品

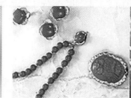

图1.5 独山玉饰品　　　　图1.6 绿松石饰品

图1.7 岫玉饰品

　　独山玉主要分布在河南省南阳市北郊的"独山"，又称"南阳玉"。独玉为斜长石类玉石，质地细腻纯净，具有油脂或玻璃光泽，抛光性能好，透明及三种以上的色调组成多色玉，颜色艳。主要品种有白玉、绿玉、绿白玉、紫玉、黄玉、芙蓉红玉、墨玉及杂色玉等。

　　岫玉（图1.8）因主要产地在辽宁岫岩县而得名。岫玉属蛇纹岩玉，外观呈青绿、黄绿、淡白色，半透明，抛光后呈蜡状光泽。新石器时期红山文化所用的玉材产于岫岩县境内的细玉沟，俗称老玉，为透闪石软玉。商代墓出土的玉器中多数玉材与岫岩瓦沟矿产的岫玉相似。

图1.8 岫玉摆件

绿松石是古老的玉石之一，早在古埃及已被人所知，把它视为神秘之物。由于产于我国湖北荆州，古有"荆州石"或"襄阳甸子"之称。呈深浅不同的蓝、绿等颜色，蜡状光泽。湖北产优质绿松石驰名中外，其玉器工艺品深受人民喜爱，畅销世界各国。

关于玉器的概念，广义的玉器应该具备三个特点：一是材料上符合"美石"的要求；二是在形制上具备典型玉制器的基本样式；三是制成的玉器必须是由制玉的特殊制作方法如碾磨、钻孔等技术完成的，而不是一般的制石工艺所能完成的。再者，研究的玉器，应是具有一定历史年代的，必须强调它的历史文物价值。

图1.9 翡翠饰品

总之，玉作为中华民族的国粹之一，经历数千年的继承发展，从史前的古朴稚拙到秦汉的雄浑豪放，再发展到明清的玲珑剔透、博大精深，共同构成了五千年璀璨夺目的中华玉文化。

【实训模块】

实训目的：通过实物标本（成品）的观察，使学生了解不同玉石的特点，加深对玉的概念的理解。

实训准备：要求学生复习各种玉石的特点，教师准备标本实物，有条件的可带学生到市场或合作企业参观实训。

实训内容：

1. 观察常见玉石的主要特征；

2. 注意区分相似玉石。

实训表

标本号	玉石名称	描　述

续表

标本号	玉石名称	描　述

实训考核评价表

检查项目和内容	实际得分（100分）			
	个人（20%）	小组（20%）	教师（25%）	企业（35%）
玉石品种				
玉石概念				
玉石区分				
实习报告				
合　计				

注：合计评分为四级制，优（≥90）、良（75~89）、合格（60~74）、不合格（≤60）。

【学后作业】

1. 玉石的基本概念是什么？

2. 中国古代的四大玉石是什么？

3. 如何理解玉和石的区别？

4. 按要求参观有关的玉石市场并完成实习报告。

项目 ②

翡翠基本知识

翡翠在国际上（矿物名称）称为硬玉，是一种以硬玉为主的矿物集合体，属多色玉石，红色的翡，绿色的翠。

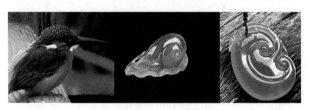

图2.1 翡翠鸟与翡翠

任务1　翡翠的由来

【知识目标】

1. 了解翡翠的历史；
2. 理解翡翠作为玉石之王的含义；
3. 掌握翡翠名称的由来。

【能力目标】

1. 能知道翡翠的历史和现状；
2. 掌握翡翠名称的由来。

【素质目标】

端正学习本门课程的心态和本门课程的重要性。

【知识模块】

翡翠名称来源有几种说法，一说来自鸟名，这种鸟羽毛非常鲜艳，雄性的羽毛呈红色，名翡鸟（又名赤羽鸟），雌性羽毛呈绿色，名翠鸟（又名绿羽鸟），合称翡翠，所以，行业内有翡为公、翠为母之说。明朝时，缅甸玉传入中国后，就冠以"翡翠"之名。另一说，古代"翠"专指新疆和田出产的绿玉，翡翠传入中国后，为了与和田绿玉区分，称其为"非翠"，后渐演变为"翡翠"。

在中国古代，翡翠是一种生活在南方的鸟，毛色十分美丽，通常有蓝、绿、红、棕等颜色。一般这种鸟雄性的为红色，谓之"翡"，雌性的为绿色，谓之"翠"。唐代著名诗人陈子昂在《感遇》一诗中写道："翡翠巢南海，雌雄珠树林……旖旎光首饰，葳蕤烂锦衾。"意思是：名叫翡翠的这种鸟在南海之滨筑巢，雌雄双双对对栖息于丛林之中，美丽的翡翠可以制成光彩夺目的道饰,用其装饰的被褥也是绚丽多彩。

翡翠之名由来已久,北宋欧阳修《归田录》卷二载:"余(欧阳修)家有一玉罂,形制甚古而精巧,始得之梅圣俞,以为碧玉。在颖州时,尝以示僚属。坐有兵马钤辖邓保吉者,真宗朝老内臣也,识之,曰:此宝器也,谓之翡翠。云禁中宝物皆藏宜圣库,库中有翡翠盏一只,所以识也。"由此可见以"翡翠"指绿色玉石由来已久,且至迟在北宋时,已被视为珍宝。或许古之"翡翠"与今之"翡翠"系同名异质,故纪晓岚称在其幼时,时人"不以玉视之"。(注:欧阳修《归田录》载于《欧阳文忠公全集》,第126,127卷)

2.1.1 翡翠的历史

大约在13世纪,在缅甸北部山谷中发现了翡翠,从那以后,缅甸一直是世界上优质翡翠的主要产出国。

翡翠传入我国的时间有争议。有的专家以为远在公元前2世纪的汉武帝时代,就已传入我国,并有汉班固的《西希赋》中"翡翠火齐,合耀流金"和张衡的《西京赋》中"翡翠火齐饰以美玉"的词句作为佐证。

而有的专家则以为翡翠传入我国的时间不会早于明末清初,其依据是迄今为止,尚未在考古挖掘(如明万历皇帝的定陵)和历代宫廷收藏中发现有清初以前的翡翠至宝。

英国历史学家李约瑟根据考古文物资料以为,18世纪硬玉才从缅甸传入中国云南。一般以为我国真正出现缅甸翡翠是明代以后的事。

图2.2 翡翠如意　　　　　图2.3 翡翠珠链　　　　图2.4 翡翠鼻烟壶

到了清代,由于皇宫贵族对它的喜爱,翡翠才身价倍增,成为玉中之王。慈禧太后更将翡翠中的珍品称为"皇家玉"。她生前把玩尤感不够,死后陪葬品中,还有优良翡翠制成的西瓜、桃子、荷叶、白菜等国宝。

据说翡翠发现与中国云南一驮夫有关,驮夫在从缅甸返回腾冲的途中,为了平衡马驮物品两边的重力,在今缅甸勐拱地区随手拾起路边的石头放在马驮上,回家仔细一看,途中所拣的石头似乎为绿色,可作为玉石,经打磨后果然碧绿可爱。由于勐拱在历史上曾隶属于中国并归云南省永昌府管辖,因此,有人误认为云南出产翡翠。

据马宝忠先生主编的《云南珠宝王国》介绍,缅甸,古中国称朱波,汉通西南夷谓之掸,唐谓之骠,元谓之缅,肃封为藩属。早在东汉永元九年(公元97年),永昌(今保山)徼外蛮及掸间王雍由调遣重泽奉国宝,和帝赐金印紫绶。掸国即现今的缅北勐拱勐密一带,说明了所产之玉。翡翠产地勐拱在朱明之世已隶版籍,延至清乾隆百年后,仍属"滇省藩篱"的土司辖地,由腾越(今腾冲)州管辖。后来勐拱土地划入缅甸版图,翡翠也就成了缅甸的国宝。

20世纪80年代，由于东南亚几个国家的经济起飞，对翡翠的需求量一下子增大了很多，尤其是中国台湾地区经济发展迅速，中国人骨子里对翠玉的爱使很多台湾人大量购买收藏翡翠。但翡翠的来源是有限的，这种供求不平衡使翡翠的价格一夜之间上涨了很多倍。在翡翠原产地，原来随意堆在矿边废弃不要的翡翠原料一下子具有了价值，进而开始论斤高价销售，这些料几年后就被卖光，买料人也只好见玉就买，即使有毛病也不嫌弃，买到总比买不到好。当时香港地区的很多工场要夜以继日地赶工，常常是第二天一开门就卖光。

20世纪90年代以后，中国内地经济发展迅速，短短10年间，人们对翡翠也越来越痴迷了。记得1995年嘉德公司举行国内第一场珠宝首饰拍卖时，很多来看预展的人从未见过翡翠；而现在很多买翡翠的人都知道看色、看种、看做工。国内越来越多的人想拥有翡翠，造成了需求量一下子成倍增长。

在当今21世纪，翡翠仍然卫冕着它玉石之王的皇冠，成为上层人士争相追捧的名贵珠宝。人们在欣赏翡翠时，不仅仅停留在它晶莹剔透、青翠欲滴的外表上，更注重的是它里面蕴含的文化灵魂——中国传统文化。

早期翡翠并不名贵，身价也不高，不为世人所重视，纪晓岚（1724—1805）在《阅微草堂笔记》中写道："盖物之轻重，各以其时之时尚无定滩也，记余幼时，人参、珊瑚、青金石，价皆不贵，今则曰云南翡翠玉，当时不以玉视之，不过如蓝田乾黄，强名以玉耳，今则为珍玩，价远出真玉上矣。"据《石雅》得知，20世纪初大约45千克重的翡翠石子值11英镑。翡翠石子中不乏精华，当时价格也很贵，但与21世纪初1千克特级翡翠七八十万美元相比，简直是小巫见大巫。

翡翠迄今约有300余年的历史，从唐朝就作为贡品进入中国内地（一般认为翡翠被运用于中国的玉雕业是在明朝）。由于过去翡翠主要由云南腾冲加工、运出，因此，翡翠过去也称为"云南玉"。至今也保持着去云南必购玉的习惯。

图2.5 翡翠市场　　　图2.6 翡翠矿厂　　　图2.7 古代制玉图

图2.8 墨翠吊坠　　　图2.9 紫罗兰翡翠戒面

2.1.2 翡翠的定义

翡翠是一种以硬玉、钠铬辉石和绿辉石为主要组成成分,质地细腻、坚硬柔韧、色彩丰富、已达到玉石级工艺美术要求的天然矿物集合体。

自从300年前翡翠传入我国,它就毫不留情地替代了古来名贵的白玉,把中国玉文化推向了一个更高层次。翡翠以其色泽——艳丽多彩、光泽油亮,质地——坚韧、均匀、细腻,优良的物理性能、独特的玉文化内涵,成为最具观赏价值、收藏价值和文化艺术价值、利润最高的宝玉石之一,被誉为"玉石之王",深受亚洲人,尤其是华人的青睐。不仅如此,它还有"佩之益人生灵,纯避邪气"的作用。多年来,人们一直把翡翠当成护身符佩戴。在中国,女性佩戴翡翠戒指、手镯,男性以玉佩为主。人们把翡翠和祖母绿宝石一起列为5月份的诞生石,是运气和幸福的象征。

翡翠美继承了自古以来玉所表现的各种美,如物质美、人格化后的心灵美(君子比德玉焉)及德行、仁爱、智慧、正义、谦和、和谐、忠直、真诚美,还重点突出了色彩美、造型美、材质美、含蓄美、神秘美、稀少美……

(1)色彩美

翡翠为多色玉石,世界上任何玉石的颜色都没有像翡翠的颜色那么艳丽、丰富,给人以生命活力,似如活的生命,碧绿清澄、生机盎然。

图2.10 翡翠三色手镯   图2.11 墨翠关公牌   图2.12 翡翠手镯

(2)造型美

翡翠的造型美,不但能使翡翠升值,而且还融入了几千年中华文明的文化内涵,福禄寿禧、花鸟鱼虫等表达了美好的愿望以及对未来生活的向往。

图2.13 翡翠雕件

(3)材质美

翡翠的石材美除包含所有的玉石石材美外,它的色彩丰富,水头有好有差,但都不失温润亮丽。可根据需要做出各种美丽独特的艺术品。

图2.14 高档翡翠饰品

（4）含蓄美

世界上任何性质的玉石都没有像翡翠那样含蓄韵致，翡翠的含蓄表露出一种唯东方人才有的情感。它那冰莹含蓄的光泽，不浮华、不轻狂、不偏执、深沉而厚重，是国人追求和赞美的品质。这正是国人所喜爱的原因之一。

图2.15 翡翠饰品

（5）神秘美

翡翠的绿配上它那似透非透的水，使人看不透摸不准，给人以神秘感，使人浮想联翩，憧憬未来。它代表中华文化的深邃。

图2.16 满绿翡翠饰品

（6）稀少美

物以稀为贵，由于形成过程的复杂，翡翠在世界各地都非常稀少，而且随着时间的推移，开采的延续，翡翠的蕴藏量也逐年迅速递减。奇货可居，能得到一件好的翡翠饰品已成为爱翠之人的追求向往。

图2.17 翡翠原石

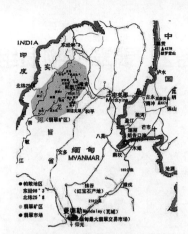

图2.18 缅甸翡翠矿区地图

【实训模块】

实训目的： 通过参观宝玉石实训基地（或翡翠博物馆）了解翡翠的由来、历史和含义。

实训准备： 要求学生上网或到图书馆等地收集有关翡翠历史和含义的资料。

实训内容：

1. 参观宝玉石实训基地（或翡翠博物馆），了解翡翠的起源、历史；

2. 观察翡翠成品标本，了解翡翠有哪些美，知道为什么翡翠是玉石之王；

3. 根据所学内容和收集到的资料，分组制作翡翠编年史。

【学后测评】

1. 用自己的话简述翡翠的历史。

2. 翡翠的定义是什么？

3. 翡翠有哪些美？

实训考核评价表

检查项目和内容	实际得分（100分）			
	个人（20%）	小组（20%）	教师（25%）	企业（35%）
翡翠历史				
玉出云南				
玉石之王				
实训态度				
合　计				

注：合计评分为四级制，优（≥90）、良（75～89）、合格（60～74）、不合格（≤60）。

任务2　翡翠的物质组成

【知识目标】

1. 掌握组成翡翠的主要矿物；
2. 掌握组成翡翠的次要矿物。

【能力目标】

能知道几种主要矿物某种含量较多时翡翠的外观特征。

【素质目标】

学会认识和分析翡翠矿物的方法。

【知识模块】

2.2.1　翡翠的主要物质构成

　　翡翠属辉石类，其主要组成物为硅酸铝钠，宝石矿中一般将含量超过50%以上的硅酸铝钠视为翡翠，出产于低温高压下生成的变质岩层中。

　　传统上只把硬玉为主要矿物成分的集合体当作翡翠。近十年来，不断有以钠铬辉石、绿辉石和钠长石等为主要矿物成分的集合体出现，并以各种名称出现在翡翠市场上，其中钠铬辉石和绿辉石集合体与硬玉集合体具有相近的宝石特性。

表2.1　翡翠物质组成

矿物含量	矿物类别	矿物名称
主要矿物（>95%）	辉石类	硬玉、绿辉石、钠铬辉石
次要矿物	角闪石类	透闪石、阳起石、普通角闪石
	长石类	钠长石
副矿物		磁铁矿、铬铁矿
次生矿物	硅酸盐	黏土矿物：绿泥石、蛇纹石、蒙脱石、伊利石
	氧化物	褐铁矿

2.2.2　翡翠的主要矿物

　　含量大于95%的矿物成分，包括硬玉（最主要）、钠铬辉石和绿辉石。

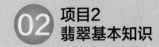

1）硬玉

表2.2　硬玉的物理性质

晶系：单斜	分子式为$NaAlSi_2O_6$
晶形：斜方柱，短柱状	解理：两组近垂直解理
颜色：无色、白色、绿色、紫色	硬度：6.5
密度：3.32～3.34 g/cm^3	折射率：1.66

图2.19 硬玉矿物　图2.20 翡翠中硬玉矿物　图2.21 硬玉矿物两组解理

硬玉是组成翡翠的主要矿物成分，翡翠中90%～95%以上矿物成分都是硬玉。成分较纯的硬玉为无色（图2.22）；但含Cr、Fe、Ni等微量元素时，显示为绿色（图2.23），这些微量元素的存在使翡翠颜色丰富多彩。

图2.22 成分较纯为无色　图2.23 含Cr显示绿色　图2.24 含Mn显示紫色

2）钠铬辉石

化学成分：（$NaCr[Si_2O_6]$）。钠铬辉石是欧阳秋眉（1983）在研究缅甸翡翠的过程中发现的，并作了系统的矿物学研究，从而改变了Deer等人认为它只是陨石成因的看法。

钠铬辉石普遍存在于翡翠中，并大量地存在于干青种或铁龙生等类型的翡翠中。

特点是Cr致色，呈深绿色或孔雀绿色；不透明。

图2.25 铁龙生翡翠

3）绿辉石

化学成分：（（Na，Ca）（Al，Mg，Fe）[Si_2O_6]）。由于绿辉石为Fe致色，绿色偏灰、偏暗。肉眼观察呈深绿色、蓝绿色，组成深绿色翡翠（墨玉）或形成翡翠中飘蓝花的部分。

翡翠品种：油青种（图2.26）、蓝水种、飘蓝花翡翠（图2.27）、墨玉（图2.28）。

图2.26 油青种　　　　图2.27 飘蓝花翡翠　　　　图2.28 墨玉

2.2.3　翡翠的次要矿物

翡翠中不希望有的次要矿物（含量＜5%）有以下几种：

1）角闪石类矿物

角闪石类（图2.29）是翡翠形成的后期产物，属含水的硅酸盐矿物，成分：Ca_2（Mg，Fe）$_5$[Si_4O_{11}]$_2$（OH）$_2$。可构成翡翠中暗绿色或黑色部分，常呈斑晶片状出现，硬度较硬玉要软，行内称"癣"。

图2.29 翡翠中的角闪石

2）钠长石

钠长石（图2.30）在翡翠中仅少量出现，出现较多则为"水沫子"——钠长石玉，是与缅甸翡翠伴生（共生）的一种玉，水沫子本身与翡翠一样美丽，其品质优良、外观美好，具有很大的观赏价值和升值空间。颜色：无色、白色，较为透明，为蜡状到亚玻璃状光泽，内含物常出现圆点状、棒状、棉花状的白色絮状石花；在翡翠中比较少见这种类型的石花。密度为2.66 g/cm³左右，比翡翠低，同体积的玉石比翡翠轻1/3。

钠长石不属于翡翠的成分，但经常与翡翠伴生，成为仿翡翠赌石的"杀手"之一。

图2.30 钠长石玉

2.2.4 翡翠的副矿物

翡翠中存在很少量的矿物, <1%, 主要有铬铁矿 ($FeCr_2O_4$) 和磁铁矿 (Fe_3O_4)。铬铁矿主要提供铬 (Cr), 可导致产生翠绿色; 磁铁矿主要提供铁 (Fe), 可导致产生黑色、灰绿色。产出与铬铁矿 ($FeCr_2O_4$) 关系密切, 在铬铁矿周围可形成绿色反应边结构。少量副矿物出现, 会使翡翠中产生黑点, 俗称 "苍蝇屎"。

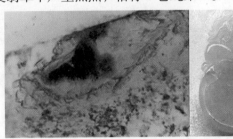

图2.31 翡翠的副矿物

2.2.5 翡翠的次生矿物

翡翠在表生作用下, 由于外来物质沿翡翠表面或裂隙向内部渗透浸染而产生的矿物, 矿物比较细小, 但可以改变翡翠的颜色。

①氧化铁质矿物 (图2.32): 褐铁矿 (Fe_2O_3), 导致翡翠产生红色 (图2.33) 或黄色 (图2.34) 翡色。

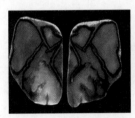  

图2.32 氧化铁质矿物 　　图2.33 红翡 　　图2.34 黄翡

②黏土矿物: 绿泥石、蛇纹石、蒙脱石、伊利石。导致翡翠产生灰绿色、暗绿色的次生色。

【学后测评】

1. 组成翡翠的主要矿物有哪些?

2. 组成翡翠的次要矿物有哪些?

【实训模块】

实训目的:

1. 掌握翡翠组成的主要矿物, 次要矿物和副矿物的种类, 以及它们分别在翡翠成品中的具体表现特征。

2. 能用肉眼识别翡翠主要矿物的特征。

实训准备：

复习任务2的相关内容。

实训内容：

翡翠主要矿物肉眼观察和描述内容：

1. 硬玉矿物：根据颜色、翠性、结构（质地）来肉眼识别。硬玉矿物的颜色比较复杂，但颜色不均匀，有色带，应注意观察色调来加以区分其他矿物。

2. 钠铬辉石：由于钠铬辉石为铬元素致色，颜色呈深绿色、翠绿色或孔雀绿色，不透明的在翡翠中常另论。一般存在于干青种或铁龙生等类型的翡翠中。

3. 绿辉石：由于致色元素为 Fe，绿色偏灰、偏暗，肉眼观察呈深绿色、蓝绿色或形成翡翠中漂蓝花中的花。

4. 钠长石：是"水沫子"的主要矿物，颜色多呈无色、白色，较透明，油脂光泽，常与硬玉伴生，成为仿翡翠赌石的杀手之一。

5. 角闪石类矿物：在翡翠中呈黑色和暗绿色，行业内常称翡翠原石外皮中的角闪石矿物为"癣"。

注意：要求学生通过不同的翡翠标本，描述以上内容。

实训表

标本号	描　述

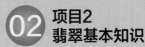
实训考核评价表

检查项目和内容	实际得分（100分）			
	个人（20%）	小组（20%）	教师（25%）	企业（35%）
矿物标本描述				
矿物区分				
实训态度				
合　计				

注：合计评分为四级制，优（≥90）、良（75～89）、合格（60～74）、不合格（≤60）。

任务3　翡翠的颜色

【知识目标】

1. 了解翡翠的颜色分布特征；
2. 掌握翡翠的原生色与次生色。

【能力目标】

能知道翡翠交易中常见的翡翠颜色分类。

【素质目标】

培养学生如何掌握翡翠的色根的判断能力。

【知识模块】

翡翠的颜色丰富多彩，也是翡翠的价值所在，以绿色为上品。

翡翠的颜色大体上可分为5种：

原生色
白色——纯净时。
绿色——Cr：鲜绿色；Fe：深绿色。因两者同时存在，可现不同深浅的色，使得翡翠颜色丰富多彩。
紫色——Fe^{3+}、Fe^{2+} 同时存在时，称紫罗兰。

次生色：红色与黄色。

图2.35 翡翠的各种颜色

翡翠的原生色是指组成翡翠的原生矿物所产生的颜色，是翡翠主要的颜色类型，也是翡翠成为名贵宝玉石品种的最主要因素。翡翠原生色的色调很多，主要有白色、绿色、紫色、墨绿色和黑色等。根据目前研究的成果，翡翠的颜色与其组成矿物的种类及其化学成分有关。透明到半透明的翠绿色翡翠与含铬硬玉有关，浅绿色翡翠与含少量Cr的硬玉有关，不透明的绿色翡翠与铬硬玉有关，紫色翡翠与含Mn硬玉有关，部分灰绿色翡翠与含绿辉石有关，翡翠中的黑色则多与角闪石有关。

翡翠的次生色是指翡翠在地表或近地表经受表生地质作用，使翡翠的组成矿物分解或半分解，并在各种大小的裂隙、矿物晶粒之间的微裂隙中充填氧化物、胶体物质、黏土矿物等而形成的颜色。主要的色彩有褐黄色、褐红色、灰绿色和灰黑色等。翡翠的次生色可分成氧化次生色和还原次生色两种类型。

氧化次生色主要成分是Fe的氧化物，形成的褐红色的翡翠，称为红翡，是充填在翡翠的裂隙及颗粒间隙中含有高价铁的化合物造成的。由于次生氧化作用是由外而内的，红翡分布在翡翠籽料的外层，由外皮向内形成红皮牛血雾—新鲜玉石的分带。

翡翠的颜色丰富多彩，正绿色为上品。其次为红色、蜜黄色、紫罗兰色等。优质的蓝色和油青色也深受人们的喜爱。每一类色彩又可细分为几种。色彩的微小差别都可极大地影响其价值。

2.3.1 翡翠常见颜色

1）绿（翠）色

绿（翠）色是翡翠的代表色，与宝石中祖母绿相媲美。翠色之美，是生命的含义，能给人最大的满足。绿色是生命和青春的象征，体现和平与安宁，同时代表钱财。

常见的绿色有宝石绿或祖母绿、苹果绿、秧苗绿或黄阳绿、葱芯绿、黄绿、蓝绿、豆青绿、菠菜绿、瓜皮绿、江水绿、蛤蟆绿、墨绿、灰绿等。

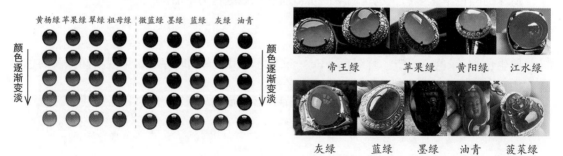

图2.36 翡翠绿色的变化

2）油青色

油青是底色偏灰，指颜色和底子。油青的种类很多，如蓝水、绿水、晴水和老油青。油是一种比较差的水光，体现在水头比较差的翡翠上，水头好的不显油性。油青色常和冰地相得益彰，这种手镯很受欢迎。

绿水　　　蓝水　　晴水　　老油青　　普通油青　　　　　蓝水

图2.37 油青色翡翠

3）飘花

飘花是绿色、蓝绿色呈云片状分布于冰地或玻璃地翡翠中，是一个价格不菲的品种。一件做工得当的飘花翡翠，犹如中国水墨画。传统的飘花是指色蓝花，一只中档的纯正冰地飘蓝花手镯要10万元以上。

图2.38 飘花翡翠

4）红色

红色象征着爱和热，代表福气、钱财。翡翠中红色常带褐色，正红者少。红色是翡翠的次生色，分布在裂隙及颗粒间隙中含有高价铁的化合物造成的。红色在饰品中起到画龙点睛的作用，与绿色在一起，其效果大有可观，价值不菲。在翡翠界中有"万翠易得，一翡难寻"的说法。

图2.39 红色翡翠

5）黄色

黄色象征着光辉灿烂，代表着权力和富贵。翡翠中黄色多为偏褐的黄色，如果与少许绿色相搭配，再施予巧雕，能得到意想不到的效果。

图2.40 黄色翡翠

6）紫（春）色

紫色代表财气和喜庆，象征瑞福。所谓紫气东来，紫气冲天，象征着高贵和财富。紫色分成三种色调：粉紫、茄紫和蓝紫。紫色翡翠结晶较粗，种差，"十春九垮"，行内常将翡翠带紫称为春，再有其他颜色搭配称为春带彩。

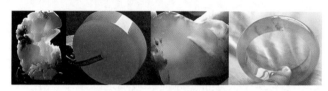

图2.41 紫色翡翠

7）白色类

翡翠的白色代表长寿，从油亮的奶白到透亮的水白色，层次多样，分为冰白和干白。

冰白：透明—半透明，主要在玻璃种、冰种翡翠中出现，有冰清玉洁之感，是白色翡翠中的上品，起荧光（像充满水一样）。

图2.42 无色翡翠

干白：白色，不透明，颗粒粗，种差，为常见的中低档翡翠。

图2.43 白色翡翠

8）黑色

翡翠的黑色，实际上是较深的绿色，通过透光照射能看得出来，这种翡翠又叫墨玉。看上去是黑的，透光是绿色或蓝色。越黑越透乃上品。

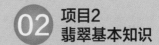

图2.44 黑色翡翠（墨色翡翠）

9）三彩

在白地的翡翠上有两种颜色，一般为红、黄、绿、紫中的两者，行里称为福禄寿。有三种颜色者称为福禄寿喜。春带彩是福禄寿的一种。

图2.45 三彩翡翠

翡翠的颜色不是孤立存在的，通常是几种颜色集中在一起，有主调，也有不同颜色，色彩搭配出不同效果。它要求有适当的翡翠质地相匹配，色彩与质地搭配和谐，能大大提高翡翠的观赏价值。

图2.46 彩色翡翠

2.3.2 翡翠的颜色分布特征

翡翠的颜色分布特征又称为色形，翡翠的不同颜色有各自的分布特征，是认识翡翠的重要外观特征。翡翠中的颜色分布常见的形态和形状有丝状、带状、点状、斑状、团块状、片状（层状）等。

图2.47 翡翠颜色分布

翡翠颜色分布特征是分布不均、伴有色根。在不同的体色上，能见到绿色丝絮、条纹或斑点（色根）。

图2.48 翡翠的色根

　　色根是翡翠中的颜色分布不均匀的现象。色根是翡翠地子之外的绿色部分不均匀分布形成的。可以是各种形状，各种形态。一般来说色根的颜色可以与地子颜色有比较大的差异，也可以只是颜色深浅，或者颜色的形态，形状边界的变化。

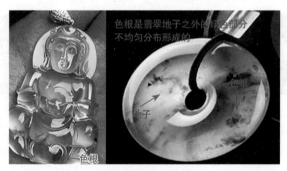

图2.49 翡翠的色根

色根通常具有一定的宽度和长度，与周边无色的部分的界线较为分明。

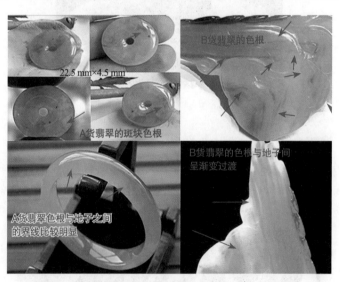

图2.50 A、B货翡翠色根的区别

　　高档翡翠在阳光照射下，绿色相对均匀，但在强光下可见布满一个方向的色根；中低档翡翠，多在无色灰白色的底色上，见有绿色条纹或斑点。

【学后测评】

1. 翡翠的原生色有哪些，分别是怎么形成的？
2. 翡翠的次生色有哪些，分别是怎么形成的？
3. 翡翠都有哪些绿色？再列举出三种最优质的绿色。
4. 翡翠绿色的分布特征是什么？
5. 课后自己查阅资料，了解翡翠的红（黄）色、紫色等的分布特征。

任务4　翡翠的质地

【知识目标】

1. 了解翡翠质地的划分；
2. 掌握翡翠的结构。

【能力目标】

能知道翡翠交易中常见的翡翠质地类型。

【素质目标】

培养学生明白翡翠质地对翡翠肉眼识别和评价的重要性。

【知识模块】

2.4.1　翡翠的结构

玉石的结构是指组成矿物的颗粒大小、形态及相互关系。

图2.51 显微镜下硬玉矿物颗粒大小、形态及相互关系

翡翠是一种特殊的变质岩，是在一定温度压力条件下，经过变质结晶作用形成的。在其形成之后还遭受了不同程度的后期改造作用。变质结晶作用阶段主要形成一系列变晶结构。翡翠常见的结构有：纤维交织变晶结构、粒状变晶结构等。

纤维交织结构在地质学中又称为纤维变晶结构，纤维状的硬玉等矿物近乎定向排列或交织排列在一起。它是翡翠最常见的一种结构，形成了翡翠硬度高、韧性强等特点。透明度高，致密、细腻的高档翡翠多属此类。

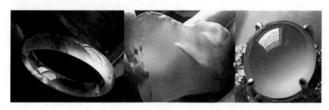

图2.52

粒状变晶结构是翡翠中粒状、纤维状的矿物颗粒近乎定向排列或交织排列在一起，通常颗粒较粗，边界平直，没有遭受明显的动力变质和蚀变作用。根据矿物颗粒粒度可以分为：显微粒状结构（$d < 0.1\,\text{mm}$）；细粒结构（$d = 0.1 \sim 1\,\text{mm}$）；中粒结构（$d = 1 \sim 3\,\text{mm}$）；粗粒结构（$d = 3 \sim 10\,\text{mm}$）；巨粒结构（$d > 10\,\text{mm}$）。粒状交织结构者透明度较差。

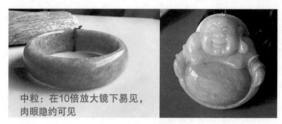

中粒：在10倍放大镜下易见，肉眼隐约可见

图2.53

一般来讲，矿物颗粒越粗、颗粒间结合越松散，则翡翠质地就越松散，透明度和光泽也差；相反，矿物颗粒越细、结合越紧密，则翡翠质地就越细腻致密，透明度好，光泽也强。纤维交织结构者韧性好，而粒状结构者韧性差。

翡翠的地子又称为底子，简称"地"或"底"，指的是翡翠除去绿色部分的基础部分，都称为地子，也就是底色的意思，是翡翠中除去重要色彩以外的部分的称呼。

2.4.2 翡翠质地的划分

翡翠的质地是翡翠中矿物颗粒大小及相互组合关系，大体分底细、底粗和底脏。

底细：翡翠矿物颗粒细小、质地细腻，俗称"肉细"。

底粗：翡翠矿物颗粒细大、质地粗糙，俗称"肉粗"。

底脏：翡翠中存在有黑色和锈色杂质。

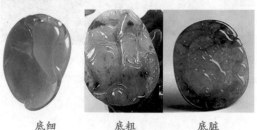

底细　　　　底粗　　　　底脏

图2.54　翡翠质地的划分

由于翡翠中硬玉矿物颗粒大小不同、结晶组合关系不同，形成不同的质地，反映到透明度和翡翠质地细腻度也各不相同。总的说来，质地坚实细润、洁净、透明度高、底色均匀漂亮、光泽强的翡翠是好品种；而那些结晶颗粒粗、不透明、底脏的品种质量较差。我们将翡翠的质地进行了如下划分。

1）玻璃地

完全透明，玻璃光泽。翡翠的透明度与宝石不同，好的玻璃地镯子看上去透明如水晶，无杂质，是翡翠中最好的质地。

图2.55 玻璃地

2）冰地

冰地次于玻璃地，全物通透如冰，即通明中如有一层薄雾，似净水封冻、凝滞。棉质与结构清晰分明，细腻均匀，犹如冰块。

图2.56 冰地

3）蛋清地

质地如同鸡蛋清，玻璃光泽。半透明，但比较纯正，无杂质。

图2.57 蛋清地

4）糯化地

内部结构朦胧不可分辨，棉质化在结构内部，半透明，果冻状。

图2.58 糯化地

5）豆地

豆地是一种很常见的翡翠种类，它的特点是颗粒比较粗，透光性较差，它的种类很多，如豆青种、冰豆种、油豆种、猫豆种、细豆种等。有"十有九豆"之说。

图2.59 豆地

6）油地

表面具油润的感觉，但颜色暗，偏灰。绿得不正，让人感觉闷闷的，不抢眼。

图2.60 油地

7）白底青

底色白或灰，但透光性差，基本不透明，粉底，但个别也有冰底，结构一般较粗，绿色相对比较鲜艳。

图2.61 白底青

8）瓷地

细白地，半透明，细腻色白。如果光泽好，也是好的玉雕原料。

图2.62 瓷地

9）干白地

不透明，白色均匀；结构粗糙，肉眼颗粒比较粗。

图2.63 干白地

翡翠中硬玉矿物结晶颗粒细，呈纤维交织结构的翡翠，质地好，显示玻璃地、冰地、蛋清地、糯化地。

图2.64

结晶颗粒粗大，矿物界线分明，质地差，如豆地、干白地。

图2.65

翡翠质地的好坏直接关系到翡翠品质的等级和价值，因此，正确认识翡翠的结构和质地，是人们对翡翠品质判断的重要一环。

【学后测评】

1. 翡翠是由什么结构构成？
2. 哪几种质地的翡翠才是好翡翠？

任务5　翡翠的水头

【知识目标】

1. 了解翡翠透明度的划分及影响翡翠透明度的因素；
2. 掌握翡翠的水头的概念及意义。

【能力目标】

能知道翡翠水头的划分方法。

【素质目标】

培养学生明白翡翠水头对翡翠肉眼识别和评价的重要性。

【知识模块】

2.5.1　翡翠的水头

翡翠的水头指翡翠的透明度和水润度，是翡翠透过可见光的能力，是评价翡翠的重要标准之一。

透明度是指光在物体中的透过能力，翡翠的透明度主要指翡翠的透光性，同时与光泽有一定关系。水润度则是指翡翠晶莹剔透、水灵之感的强弱。

不透明　　微透明　　半透明　　亚透明　　透明
图2.66　透明程度

透明度和水润度高的，行家称为水头长，反之，则称为水头短。对于其他质量指标相同或相近的翡翠，其透明度越好，质量品级也越高，价值也越高。而有的翡翠的绿色能满足正、浓、阳、匀，但光透不进去，水润度也极差，这样的翡翠充其量只能作为中等品。

2.5.2　翡翠透明度的划分

经过归纳，学界和市场通常将透明度划分为以下五类：

透明：（透过翡翠饰品）可以较清晰地看到其背面物体的图像，中午的阳光能透进10 mm以上者为透明。透明的翡翠多为中高档至高档商品，如部分玻璃底的老坑玉（老坑玻璃种）等，纯净致密的无色或白色翡翠，也常常具有透明的特征。

图2.67 透明

亚透明：（透过翡翠饰品）隐约可见到其背面物体的图像，中午的阳光能透进6-10 mm者为较透明。较透明的翡翠有高档品，也有中高档品。如部分老坑玻璃种翡翠，但较多的是中高档品种如蓝花冰、透水白及蛋清底的翡翠等。

图2.68 亚透明

半透明：不能透过翡翠饰品看其背面物体的图像，中午的阳光能透进3～6 mm者为半透明。其特征是在投射光下观察，可发现翡翠内部构造不均匀，或有混沌感。半透明的翡翠常为中档品，如具有藕粉底的翡翠，但高档翡翠中也有在这个档次中。

图2.69 半透明

微透明：翡翠饰品只能微弱地透入中午的阳光，透光深度为1～3 mm。微透明的翡翠若种、色不好，只能算中低档次；但若颜色好，则可以算为中档或中档略高的商品，如白底青翡翠等。瓷底的翡翠多具微透明的特征，绿浓质粗的翡翠如铁龙生、干青种。

图2.70 微透明

不透明：光线完全不能透入者，俗称"水差"，如"干白底""糙白底"一类翡翠，完全不能透入光线。不透明的翡翠多为低档品，一般不用其制作饰品，但有用来雕刻摆件作为工艺品的。

图2.71 不透明

水头好的翡翠：玻璃地、冰地、蛋青地和糯化地。

水头差的翡翠：干白地、白底青、干青。

翡翠行业里常用聚光手电来观察光线深入翡翠内部的程度。用肉眼观察，透光深度达三分水（6~9 mm）的翡翠，其透明度为优；达二分水（4~6 mm）的翡翠，其透明度为良；一分水（3 mm）左右，透明度为中；小于3 mm，大于1 mm的，透明度为一般；若透光深度小于1 mm，即为"水差"。而水润度，通常仅通过直观视觉进行衡量，晶莹明亮、通灵润泽、富有灵气则为佳品；暗淡浑浊、凝重呆板、缺少灵气则透明度较差。

2.5.3　影响翡翠透明度的因素

①结构对翡翠透明度的影响：翡翠矿物粒度细小均匀、透明度就高，否则就低，粒度越细、越接近平行变晶等结构透明度越好。

②颜色对翡翠透明度的影响：翡翠的颜色越深，相对的透明度就越低。

③厚度对翡翠透明度的影响：同一块翡翠因厚度不同而表现的透明度也不同，厚度越大透明度越差。这是因为随着厚度的增加，光在翡翠中穿越的路线变长，翡翠对光的吸收增多，入射光的光能耗过大，减小了翡翠的透明度。翡翠的厚度一般要大于6 mm，才具佩戴的功能，故在翡翠饰品厚在6 mm以上时，透明度就显得特别重要。

④杂质对翡翠透明度的影响：组成翡翠的硬玉矿物集合体越洁净，透明度越高。而含有较多非硬玉矿物，如角闪石、绿辉石等矿物时透明度就差。

在影响翡翠透明度的许多因素中，翡翠的内部结构与结晶类型是无法改造的，内部的杂质元素和杂质矿物及包裹体可以改造，另外就是用厚度来调节翡翠的透明度。但是须在不破坏翡翠内部构造的情况下进行，才会得到消费者的认可，用厚度调节翡翠的透明度又受翡翠绿色形状、翡翠内裂纹的多少、杂质分布情况等因素影响，都要受许多条件的限制。

【学后测评】

1. 何为翡翠的水头？
2. 翡翠的透明度如何划分？
3. 用自己的话对翡翠水头的好坏进行解释。

任务6　翡翠瑕疵类型

【知识目标】

1. 掌握翡翠瑕疵的类型；
2. 掌握翡翠的各种瑕疵的外观特征。

【能力目标】

能对典型的瑕疵进行区分。

【素质目标】

培养学生明白翡翠的瑕疵对翡翠肉眼识别和评价的重要性。

【知识模块】

瑕疵是天然宝玉石中不可避免的，很多人在购买翡翠遇到瑕疵时，大多数商家误导纹和裂是天然形成的，不算瑕疵。实际上瑕疵对于翡翠的品质根据具体情况可能有很大影响。以下为翡翠的部分瑕疵类型：

1）石花

石花是翡翠中团块状的白色絮状物，有石花表示颗粒粗，"组成矿物"分布不均匀，种质不够细腻。由于形态不同，石花中又分石脑、石萝卜花与芦花等。结晶颗粒粗大，矿物界线分明，质地差，如豆地、干白地。

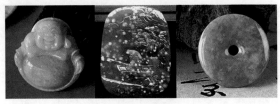

图2.72 石花

2）棉

棉是翡翠内部呈半透明、微透明的白色包裹体（絮状物），为雾状、点状、片状，对光线产生阻碍，影响翡翠的通透度和美观度。

图2.73 棉

3）杂色的色斑和色带

这是指除绿色以外的色斑和色带，也称脏色，如黄褐色、黑灰色，底色、俏色、多色组合不能看作脏色。

图2.74 杂色的色斑和色带

4）黑点、黑丝、黑块

黑点、黑丝和黑块是翡翠中呈点状、斑状、丝状和带状的黑色部分。黑点是铬铁矿被硬玉交代后的残余；黑丝和黑带是碱性角闪石和辉石造成的。

图2.75 黑点、黑丝、黑块

5）裂、纹

裂、纹指翡翠原生或开采、加工过程中产生的裂隙。已愈合裂隙，也称"石纹"，对外观会产生不同程度的影响。未愈合的裂隙称裂纹，对翡翠品质的影响较大。翡翠的裂纹往往呈面状、线状出现在翡翠中，在对光观察时比较容易看到，但有时手镯里的石纹、色线也容易被看成裂，购买者需要在实践中比较区分，在选购的时候也容易判断错误。而种越好的翡翠，内部越清楚，绺裂等现象也越明显。因此，手镯的裂在选购时虽然需要重视，但不要过于强调。断绺是手镯当中最忌讳的问题。断绺问题严重的手镯，敲击的声音也不清脆。而且在佩戴过程中，容易有断掉的现象。

图2.76 裂、纹

【学后测评】

1. 如何区分石花和棉？
2. 如何区分裂和纹？
3. 对高档翡翠价值影响最大的是哪种瑕疵？

【实训模块】

实训目的：

1. 学会观察和描述翡翠的颜色、质地（结构）、水头和瑕疵类型的方法。
2. 熟悉翡翠各种基本特征之间的相互关系。
3. 学会肉眼识别翡翠颜色的种类、质地类型、水头和瑕疵类型。

实训准备：

复习任务3、4、5、6的相关内容。

实训内容：

1. 颜色：是翡翠评价和肉眼识别的重要特征之一，当描述颜色××时，通常采用标准色××，但翡翠不具某一标准色，以接近标准色中某种颜色为××，用两种颜色××描述，并让主体颜色在后，如黄绿色；同时翡翠颜色××特征分布不均，伴有色根，要学会观察和描述色根的特点，特别是A货翡翠、B货翡翠色根特征。

2. 质地：翡翠中硬玉矿物颗粒大小及相互组合关系（结构），可根据翡翠结构划分出玻璃地、冰地、糯化地、豆地等若干个质地。

注意：观察翡翠质地时，一定要在抛光面上观察，主要从硬玉矿物颗粒大小、透明度高低来判断。

3. 水头：是翡翠的评价和肉眼识别的重要特征之一，一般是以翡翠厚度6 mm为标准，划分透明、亚透明、半透明、微透明、不透明五级。

注意：描述翡翠水头时要注意颜色、厚度、质地和类别对翡翠的影响。

4. 瑕疵：是影响翡翠价值的重要指标之一，绝大部分翡翠都存在不同程度的瑕疵，要学会观察不同类型的瑕疵，特别是裂纹。

注意：观察描述翡翠时，一定要注意颜色、质地、透明度三者之间的关系，高档翡翠颜色均匀，质地细腻，水头足，瑕疵少；中低档翡翠颜色分布不均，伴有色根，质地粗、水头差，瑕疵多。

按照下表项目观察并描述不同类型的翡翠标本（成品）：

实训表

标本号	颜 色	质 地	水 头	瑕 疵	综合结果

实训考核评价表

项目和内容	评价标准	检测方法	实际得分			
			优	良	合格	差
颜色						
质地						
水头						
瑕疵						
合 计						

任务7　翡翠的种

【知识目标】

1. 理解翡翠的种所蕴含的意义；
2. 掌握高中低档的翡翠所对应的种。

【能力目标】

1. 能说出几种最常见的翡翠的种的名称及特点；
2. 能对翡翠的种进行评估。

【素质目标】

培养学生明白翡翠的种对翡翠肉眼识别和评价的重要性。

【知识模块】

翡翠的种是对翡翠的综合性概括或划分，描述了翡翠内部矿物颗粒大小以及矿物颗粒之间结合的紧密程度的关系，也可以说是指翡翠的内部结构和构造。它综合翡翠质地、水头和颜色，是评价翡翠品质的重要标志。

图2.77

翡翠的种根据侧重点不同，有的强调颜色，有的强调质地。在翡翠圈里，有"外行看色，内行看种，高档货重在看种"。衡量一块翡翠的价值最重要的是"一种、二色、三工艺"。种差一分，价差十倍。翡翠的种主要有：

1）玻璃种

玻璃种是指像玻璃一样透明的翡翠，结构细腻致密，纯净透明，杂质少。有白玻璃种和带色玻璃种，如老坑玻璃种的颜色均匀，是翡翠中的极品。

图2.78 老坑玻璃种

白玻璃种有时真像玻璃，通透度极好，荧光足。

图2.79 白玻璃种

2）冰种

可见内部交织纤维结构，微晶部分肉眼不可分辨，透明度好，棉质与结构清晰分明，细腻均匀，犹如冰块。

图2.80 冰种

3）芙蓉种

呈清淡绿色，玉质细腻均匀，水头好，有时呈淡淡的粉色，属中高档品种。

图2.81 芙蓉种

4）糯化种

内部结构朦胧不可分辨，棉质化在结构内部。水头好的糯化种可达到冰种的水平，为了区别普通的糯化种，这样的糯化种也称为冰种化底。

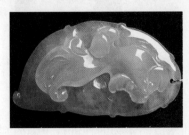

图2.82 糯化种

5）金丝种

绿色不均匀，呈丝状断断续续，水头好，底也好，也是中高档品种。

6）豆种

一种很常见的翡翠种类，它的特点是颗粒比较粗，透光性较差，它的种类很多，如豆青种、冰豆种、油豆种、猫豆种、细豆种等。

7）花青种

绿色分布不均匀，呈脉状或斑点状，料干，属中低档品种。

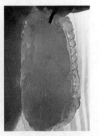

图2.83 金丝种　　　图2.84 豆种　　　图2.85 花青种

8）油青种

分高档油青和低档油青，高档玉质细腻，透明度好，反之为低档，低档表面具有油润的感觉，但颜色暗，绿得不正，让人感觉闷闷的，不抢眼。

9）干青种

其特征是颜色黄绿、深绿至墨绿，带黑点，常有裂纹，不透明，显得很干。

10）紫罗兰

颜色为紫色，透明度从冰种到粉底都有。

图2.86 油青种

图2.87 干青种

图2.88 紫罗兰

【实训模块】

实训目的：

让学生正确理解翡翠种的含义，并能对翡翠成品实物的种进行正确的判断，特别是对高档翡翠种的理解，知道种在翡翠评价中的重要性。

实训准备：

查阅有关翡翠种的划分的相关资料。

实训内容：

1. 观察不同翡翠实物标本，正确判断翡翠的种。

2. 注意区分不同种翡翠的差异。

按下表要求描述所观察翡翠的种：

实训表

标本号	翡翠类型	颜 色	质 地	水 头	种（结构）

实训考核评价表

检查项目和内容	实际得分（100分）			
	个人（20%）	小组（20%）	教师（25%）	企业（35%）
翡翠类型				
颜色				
质地				
水头				
种				
合　计				

注：合计评分为四级制，优（≥90）、良（75～89）、合格（60～74）、不合格（≤60）。

【学后测评】

1. 为何玻璃种是翡翠最好的种？

2. 高档翡翠对应的种有哪些？中档及低档翡翠又分别对应哪些种？

3. 如何区分花青种、金丝种和豆种的翡翠？

项目 **3**

翡翠的鉴定

翡翠是硬玉等多种矿物组成的集合体，既具有玉石的特有属性，又具有宝石的艳丽色彩，并被赋予了"佩之益人生灵，纯避邪气"的观念，是受大众喜爱的玉石，是玉石中最美观、最昂贵的品种，称为"玉石之王"。

翡翠美丽和高贵的基础是真，只有真正的翡翠，才能使人产生美好的感觉，才可能具有高贵的价值。因此，我们必须研究如何区分翡翠与其相似品、如何判别翡翠赝品、如何判断翡翠是否经过处理等，以便让翡翠的美丽高贵在"真"的基础上发扬。

任务1　翡翠的基本特征

【知识目标】

1. 掌握翡翠的化学成分、结晶特点及特征的物理性质；
2. 掌握翡翠的结构、橘皮效应和翠性的含义及特征。

【能力目标】

1. 能对翡翠的外观特征进行描述；
2. 能就翡翠特征的结构及橘皮效应、翠性等性质区分翡翠和其相似品。

【素质目标】

激发学生肉眼鉴别及评价翡翠的热情。

【知识模块】

传统上只把硬玉为主要矿物成分的集合体当作翡翠。近十年来，不断有以钠铬辉石、绿辉石和钠长石等为主要矿物成分的集合体出现，并以各种名称出现在翡翠市场上，其中钠铬辉石和绿辉石集合体与硬玉集合体具有相近的宝石特性。

1）翡翠的化学成分

翡翠是由无数个细小硬玉矿物组成的矿物集合体，常含Cr、Fe、Ni等微量元素。这些微量元素的存在造成了翡翠颜色的丰富多彩，其分子式为$NaAlSi_2O_6$。

2）翡翠的结晶特点

翡翠是单斜晶系（硬玉），通常为多晶质集合体，原料成块状，次生料呈巨砾或卵石状。

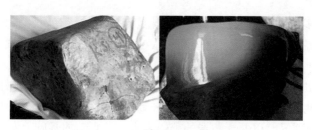

图3.1

3）翡翠的物理性质

①折射率：折射率RI是宝玉石主要的物理常数之一，具有诊断意义，是宝玉石种属鉴别的重要依据，也是珠宝证书中必不可少的内容。翡翠折射率为1.66（点测法）。

②光泽：光泽是指宝玉石表面反射光的能力。通常光泽的强弱与折射率和反射率关系密切，同时还受抛光程度等方面的影响。翡翠是诸多玉石中光泽最亮的一种玉石，反光面犹如玻璃般明亮、锐利，反光点集中，不发散。一般呈油脂光泽到玻璃光泽。

琢磨好的翡翠放在距眼睛0.3 m处观察，成品表面呈带油感的玻璃光泽，当转动成品时，表面的反光点快速移动，晶莹而灵活。

③硬度：摩氏硬度6.5～7。

④相对密度（比重）：3.30～3.36，平均3.33。

⑤发光性：宝石在外来能量的激发下，发出可见光的性质称发光性。在宝玉石学中经常遇到是紫外线激发的荧光和磷光。宝玉石的发光性可用来鉴定宝石，在宝石鉴定中为一种辅助鉴定方法。

天然翡翠（A货）在紫外灯下一般无荧光，而B货翡翠在紫外灯下有荧光。

图3.2 A货与B货翡翠发光性的区别

⑥吸收光谱：宝石中所含的各致色元素离子，对可见光光谱具有不同程度的选择性吸收，由此在光谱系列中表现为暗的吸收线或带。

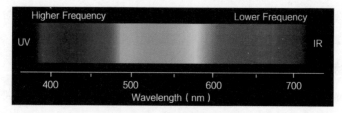

图3.3 自然光谱

翡翠吸收光谱：在紫光区437 nm处有一条强吸收线，为特征光谱。有些绿色品种（高档翡翠）在红光区630、660、690 nm处有三条吸收线（阶梯谱）。C货翡翠在680 nm处有一条吸收带。

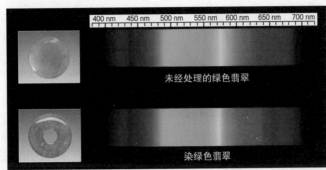

图3.4 翡翠光谱

4）翡翠的外观特征

（1）颜色

翡翠颜色丰富多彩，是其价值所在，以绿色为上品。大体上可分为绿、红、紫、黄、白五种，其颜色成因可分为原生色和次生色。原生色：白色（无色）——纯净时；成分单一，由$NaAlSi_2O_6$组成，透明度好。

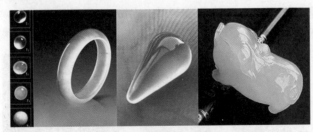

图3.5

①绿色。Cr：鲜绿色；Fe：深绿色。因两者同时存在，可现不同深浅的绿色，使得翡翠颜色丰富多彩；绿色分布不均，伴有色根。在不同的体色上，能见到绿色丝絮、条纹或斑点（色根）。

图3.6

图3.7

②紫色。Fe^{3+}、Fe^{2+}同时存在时，称紫罗兰。次生色：红色和黄色，是由于暴露于地表风化使铁离子析出形成赤铁矿和褐铁矿，而淋滤到翡翠颗粒之间致色。

图3.8

③黑色。一种呈深墨绿色，是由过量的Cr、Fe造成的；或者是由所含的暗色矿物杂质造成的，看上去很脏，属于较为低档的翡翠。

图3.9

次生色是指翡翠在地表或近地表经受风化作用，使翡翠的组成矿物分解或半分解，并在矿物的晶粒之间充填了各种物质而形成的颜色。有土黄色、红褐色、褐红色、灰绿色。

图3.10

翡翠的颜色丰富多彩，正绿色为上品。其次为红色、蜜黄色、紫罗兰色等。优质的蓝色和油青色也深受人们的喜爱。每一类色彩又可细分为几种。色彩的微小差别都可极大地影响其价值。正绿色又包括苹果绿、秧苗绿、翠绿和祖母绿。蓝绿色又分菠菜绿、蛤蟆绿、瓜皮绿等。红色又可细分为亮红色、暗红色、褐红色等。亮红色为上品。

（2）透明度

翡翠的透明度变化很大，从近于透明到不透明。

用于描述翡翠的透明度称水头，分为透明、亚透明、半透明、微透明及不透明五种。

（3）结构

结构是指组成矿物的颗粒大小、形态及相互关系。翡翠总体上具有纤维变晶交织或粒状变晶结构。粒状交织结构者透明度较差；而纤维交织结构者透明度高，致密、细腻的高档翡翠多属此类。

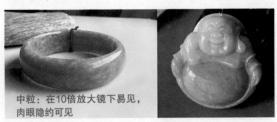

中粒：在10倍放大镜下易见，
肉眼隐约可见

图3.11

（4）橘皮效应

由于硬玉颗粒平行解理方向硬度小，垂直解理方向硬度大，在抛光时平行解理出露到表面的颗粒就容易形成凹坑，因此造成了起伏的波浪状表面。即所谓的橘皮效应，是识别翡翠的重要特征。

图3.12 橘皮效应

（5）翠性

硬玉矿物本身具有两组柱状解理在翡翠表面出现片状或丝状闪光——翠性，像蚊子翅膀，云南人称为苍蝇翅，粗粒翡翠的闪光面较大。翠性是识别翡翠的重要特征，特别是毛料的鉴别。

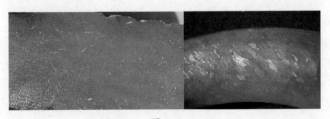

图3.13

【学后测评】

1. 翡翠的化学成分是什么？翡翠有何物理性质？

2. 简要描述翡翠的结构。

3. 简述翡翠的橘皮效应和翠性。

实训考核评价表

检查项目和内容	实际得分（100分）			
	个人（20%）	小组（20%）	教师（25%）	企业（35%）
光泽				
折射率				
比重				
发光性				
吸收光谱				
外观特征				
合　计				

注：合计评分为四级制，优（≥90）、良（75～89）、合格（60～74）、不合格（≤60）。

任务2　翡翠成品的鉴定

【知识目标】

1. 了解烧红翡翠的特点及鉴别方法；
2. 掌握翡翠 A、B、C、B+C 及 D 货的划分与鉴别方法。

【能力目标】

1. 能肉眼鉴别翡翠 A、B、C、B+C 及 D 货；
2. 能用仪器鉴定翡翠。

【素质目标】

通过翡翠的鉴别，让学生逐渐养成运用专业知识解决实际问题的能力。

【知识模块】

3.2.1　翡翠A、B、C货的划分

A货——除了加工和琢磨以外未经任何处理的天然翡翠制品（图3.14）。

B货——经强酸（盐酸）浸泡和注胶（浸蜡）的翡翠制品，云南地区称翡翠洗过澡（图3.15）。

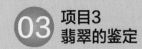
C货——经人工染色的翡翠制品（图3.16）。

B+C货翡翠——强酸侵蚀+染色+注胶翡翠。

D货——仿冒翡翠。

图3.14 A货　　　　图3.15 B货　　　　图3.16 C货

3.2.2 天然翡翠（A货）肉眼鉴定

1）颜色

颜色分布不均、伴有色根。在不同的体色上，能见到绿色丝絮、条纹或斑点（色根）。高档翡翠在阳光照射下，绿色相对均匀，但在强光下可见布满一个方向的色根；中低档翡翠，多在无色灰白色的底色上，见有绿色条纹或斑点。绿色部位透明度相对要好。

图3.17

2）光泽油亮

翡翠是诸多玉石中光泽最亮的一种玉石，琢磨好的翡翠放在距眼睛0.3 m处观察，成品表面呈带油感的玻璃光泽，当转动成品时，表面的反光点快速移动，晶莹而灵活。翡翠光泽的反光面犹如玻璃般明亮、锐利，反光点集中，不发散。透明度高，玻璃光泽强的翡翠是深受人们欢迎的上等翡翠品种。B、C货翡翠光泽不强，类似油脂一样的光泽，不如A货明亮。

图3.18

3）铁质水迹和黑色小点状包裹体

翡翠中的绿色多是黑色的磁铁矿、铬铁尖晶石受熔融后析出的铁和铬被周围的矿物捕获所致。所以在翡翠绿色深的地方，总会残留下一些黑色矿物受熔以后的残迹。越是特级的满绿色玻璃地的翡翠，黑色的小点越多。另外，许多翡翠的原料都是经过河水长距离搬运的仔料，溶解在水中的铁质，会沉淀在翡翠的矿物颗粒之间，为此，在强阳光或手电筒透射下，都能见到像茶水倒在纸上留下的褐色铁质痕迹。

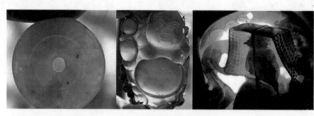

图3.19

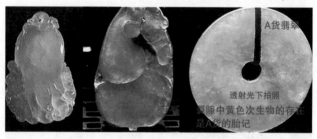

图3.20

4）结构

翡翠为变晶交织结构，不同品级其结构不同。高档翡翠：纤维状、细腻，肉眼和放大镜都无法看到，透明度好；而中低档：粒状，肉眼可见近圆形晶体矿物或者是白云朵状的小斑点（石花），有时可见结构粗的翠性。

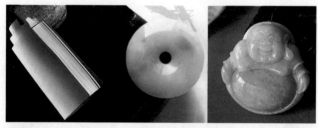

图3.21

石花是翡翠内部斑块状、条带状、丝状、波纹状的半透明、微透明的白色物质。虽然白棉的存在或多或少影响翡翠的美观，但是它也是翡翠的鉴定方法之一，翡翠的白棉某种程度上也反映出了天然的性质。若是大家见到纯净的没有一点杂质的翡翠，价格又比较低的话，肯定是经过人工处理了的，这种情况就要谨慎。

图3.22

在不同品级的翡翠中，均能见到由许多纤维状晶体交织在一起的、像白色小云朵一样的小斑点，珠宝行里称其为棉。

图3.23 棉

结构紧密的翡翠，敲击似金属声。

5）翡翠的透明度

天然翡翠透明度有不均匀性，透明与不透明部位界线分明，B货翡翠总体泛白，有雾感，浑浊不清；透明度各处一致。

图3.24

6）手感与声韵

凡天然翡翠，手摸时将其贴于脸上或置于手背上有冰凉之感，反复顺摸会有沾水的涩感（温润的滑感）。比重为3.33，有坠手感。凡是可以对碰的翡翠制品，均能发出清脆、宛若铜铃般的声响。

7）硬度

6.5～7，可划动玻璃。

仪器鉴定：

①折射仪：折射率$RI = 1.66$（点测）。

②偏光镜：全亮，为多晶质。

③分光镜：绿色翡翠品种红光区630 nm、660 nm、690 nm有三条阶梯状吸收谱，紫区有吸收线。翡翠437 nm吸收线具有诊断意义。

④密度法：测出它的密度3.33～3.36。

⑤宝石显微镜：具有粒状纤维交织结构、柱状结构、柱状变晶结构等。质地细腻时，抛磨后表面光滑，具有微凹剥落（橘皮效应）。质地较粗时，可见解理面闪光即"翠性"。

⑥紫外灯：在UV下无荧光。

图3.25 翡翠吸收光谱

3.2.3 翡翠B货

B货翡翠目的在于漂去脏色（黄色、褐色铁质）、改善透明度，增加颜色的鲜艳程度和绿色范围。

处理方法：将绿色好、地子不好的翡翠放在强酸（盐酸）中浸泡（1～2个星期，去掉其中的黑色矿物和褐色铁迹，使其底色漂白）→弱碱中和→烘干→充填→抛光。

图3.26

此时B货翡翠结构疏松，用无色树脂或塑料注入，提高翡翠透明度，扩大绿色的范围，因此B货翡翠体色洁净、绿色鲜艳、透明度好，但内部结构破坏，一般佩戴两年其表面就会出现白色斑点，当前流通在市场上的漂白注胶B货翡翠按其充填物可以分为两种，一种是聚合物充填B货翡翠，另一种是无机物充填B货翡翠。

它与A货的区别在于：

①颜色：经过漂色的翡翠，直观上整体泛白色，颜色一般显得较鲜艳，但不太自然，有时会使人感到带有黄气。

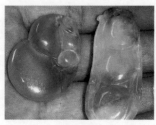

图3.27

②光泽，具有树脂的光泽，天然翡翠呈现玻璃光泽。因充填物的加入使光泽变暗，没有天然翡翠明亮，呈带蜡状的玻璃光泽。如果用10倍放大镜贴近观察，表面可见明显蜘蛛网状酸蚀纹和半透明的乳白色堆积物。

③酸蚀纹。酸蚀纹又称龟裂纹，是因为充填在翡翠B货的矿物颗粒间隙内的树脂胶的硬度较低，在切磨抛光时，低硬度的胶容易被抛磨，形成下凹的沟槽，形态像干土壤的网状裂纹，故又称为龟裂纹。酸蚀网纹与翡翠正常的"橘皮效应"不同，橘皮效应是因集合体中不同颗粒晶体的硬度有所差别，较软的颗粒亦被磨蚀，形成下凹状，下凹的颗粒与周围较硬的颗粒的边界有一个圆滑过渡的斜坡。而B货的龟裂纹则是沿着颗粒边界形成的下凹的小缝隙。

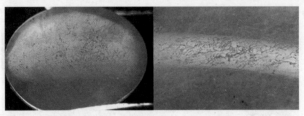

图3.28

④B货翡翠透明度较好，多呈透明度较好的半透明至微透明状，但放进水里透明度快速降低，通体展示出微透明状的乳白色蜡状物。如果用聚光手电透视，透明度均匀，像蒙着一个乳白色的罩子，盐粒状的结构不清，没有在反射光的照射下看得清楚，整件翡翠透明度均一，显示出了一种布满微透明状的乳白色蜡状物。

图3.29

⑤底色干净，没有杂质。由于经过了酸洗漂白，翡翠中所含的氧化物和其他易溶的杂质被溶解，黄底和脏色被清除，但浅绿和粉藕底色仍会存在，仔细观察翡翠白色的部分，如果是B货则特别白，而绿色部分显得特别鲜纯，无黄灰色调的干扰。观察时要用白光透射，如对着窗户观察，或者对着日光灯管观察。但是，也有少量酸洗不彻底的和使用带黄色调树脂胶的翡翠B货，看不出这一特征。天然翡翠在放大观察时常可见到小锈斑，小黑点杂质，特别是在微裂隙中总可以见到各种杂质充填其间。

图3.30

⑥用手触摸具温滑感。在表面反复摸、擦就像摸玻璃一样的温滑，没有天然翡翠的湿涩感。整块翡翠饰件洁净，没有茶水般的铁迹。漂白充填无机物的B货翡翠与充填聚合物的B货翡翠的区别是：火烧不变色；放在水中用聚光手电透视，边缘没有一个明显可见的亮缘，不见丝瓜瓢般的网络。

⑦B货翡翠相对密度下降、质量减轻。相对密度会明显地小于3.33，在纯二碘甲烷的重液（相对密度值约3.33）中上浮。翡翠B货的敲击声多为沉闷嘶哑，不够清脆，与天然的不同。这一测试要注意，不能用手持住玉件，最好把玉件用细线吊起，用另一块实心的玉件轻轻敲击。天然翡翠如果有裂纹，或者质地疏松也会出现嘶哑和沉闷的敲击声，要加以注意。这一方法对手镯最为有效。在UV下一般都有由弱到强的蓝白色荧光。

图3.31

⑧在红外光谱仪下B货翡翠可显示胶的吸收峰。红外光谱仪能够准确并且灵敏地探测出翡翠样品中是否含有翡翠B货特有的树脂胶，成为鉴别翡翠最有效的一种实验设备。

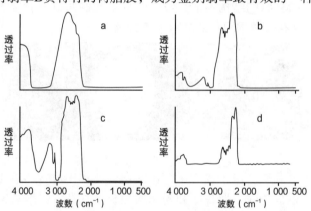

图3.32　a为A货，b、c、d为B货

因此翡翠B货的缺点有三种：一是易碎易折，如互相轻碰发音短促无清脆声。二是老化褪色（时间一般为3～5年）老化后一文不值；三是优化过程使用"王水"等化学腐蚀剂，佩戴在身有害无益，长期佩戴后会对人体产生非常不良的影响。

3.2.4　染色翡翠（C货）

染色C货翡翠是指用人工方法着色的翡翠。染色的方法，一般是将无色或浅色，结构较粗的翡翠用酸洗去杂质，然后再进行低温烘烤，以扩大矿物之间的缝隙，其后放进染料中浸泡，使染料沿着翡翠的裂隙渗透到矿物之间的缝隙里，最终使翡翠染上颜色。现在市场上染色的翡翠有四种：淡紫色染色翡翠；绿色染色翡翠；扩染绿色的染色翡翠；红色染色

翡翠。肉眼的识别要点是颜色在翡翠中的展布和在阳光照射下呈现的现象。

图3.33

C货翡翠的鉴别：

①颜色呈网脉状分布于裂纹或颗粒之间，色呈丝网状。没有色根、铁迹，绿色变淡。

图3.34

②吸收光谱：C货翡翠在680 nm处有一条吸收带。

③查尔斯滤色镜：多数染绿品种在滤色镜下变红褐色。

C货经过染色处理，因此其颜色是人工充填进去的，看上去和翡翠天然形成的颜色就不同，行话说色比较"邪"就是这个意思。

3.2.5　酸洗充胶+染色处理翡翠（B+C货翡翠）

B+C货的处理方法较为简单，过程为：酸洗：翡翠经过酸洗后形成多孔的白渣状；对已经呈疏松状的翡翠上色，可以用浸泡到染料溶液中的方法，毛笔涂色的办法，并且可以在所需要的地方涂色，也可在手镯上涂成色带，涂多种不同的颜色，或在浅绿的翡翠上加色使之更为明显；充胶和固化：上好的翡翠进行充胶固化。

图3.35

一般情况下，B+C翡翠易于鉴别，绿色的B+C翡翠，除了具有B货的特征外还具有染绿色翡翠的特征：

①丝瓜瓤结构：颜色沿硬玉等矿物颗粒之间的间隙分布的现象。

②丝线状结构：平行细丝状的绿色。

③模糊边界结构：色形的边界模糊不清。

④紫外荧光：可有较强的绿白色荧光，尤其是绿色和灰绿色部分的荧光。

⑤没有Cr^{3+}的吸收光谱。

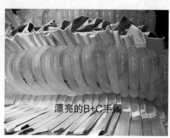

图3.36

总之，翡翠中的鉴定要做到"四看二摸"。"一看"颜色的正与"邪"，天然翡翠的颜色有色根，分布不均，染色C货翡翠，颜色呈网脉状分布于裂纹或颗粒之间，色呈丝网状，没有色根。

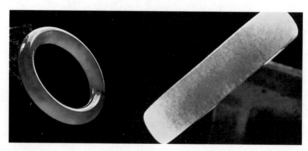

图3.37

"二看"种水，主要指透明度，天然翡翠的透明度分布不均，透明与不透明部位界线分明，B货翡翠整体泛白，有雾感，浑浊不清，透明度均一，显示出了一种布满微透明状的乳白色蜡状物。A货光泽油亮，表面光滑圆润，B货翡翠带蜡状的玻璃光泽，不够明亮。

"三看"质地，A货质地有少量的杂质，尤其是脏点（黄色、褐色铁质）和褐色铁质痕迹，越高档翡翠黑色小点越多。B货和B+C翡翠质地干净，一般不会有铁迹。

"四看"结构（主要是翠性），A货翡翠的粗糙面有硬玉矿物的解理面反光，像蚊子翅膀，"苍蝇翅"，特别是毛料的鉴别；在A货翡翠抛光平面上可见橘皮效应，B货翡翠蜘蛛网状酸蚀纹；A货翡翠中的絮状物（棉）呈长条状交织结构，相对细腻，B货翡翠絮状物相对粗大，结构松散，水沫子（钠长石玉）和石英岩玉絮状物呈粒状等大。此外，A货做工较好，抛光好，B货和B+C货做工差，抛光差。"一摸"，天然翡翠手摸时将其贴于脸上或置于手背上有冰凉之感，B货和B+C货手触摸具温滑感；"二摸"，A货表面光滑有坠手感，B货和B+C货表面相对粗糙。A货结构紧密，对碰时，均能发出清脆的声音。B货和其他玉石敲击时声音沉闷，手镯无回音。

3.2.6 烧红翡翠

通过加热，让翡翠的翡色由偏暗的黄褐色变为鲜亮的红褐色，使色彩更加鲜艳亮丽，这就是"烧红"翡翠。

对于如何鉴别天然翡色翡翠与"烧红"翡翠，可以注意以下几点：

看颜色鲜艳程度：天然翡色翡翠往往色调偏暗，为褐黄或褐红色，颜色多变，有层次感；"烧红"翡翠的翡色往往是鲜艳红色色调，颜色明亮，比较单一，无层次感。

图3.38 "烧红"翡翠　　　　　图3.39 天然黄翡皮层

看细腻圆润程度：天然翡色的质地比较圆润细腻，经常表现为糯化地；"烧红"翡翠质地显得粗糙，种干，颗粒感明显。

看颜色界线：天然翡翠翡色与其他原生色（白色、绿色或紫色）为突变关系，尤其是红翡的地方，会有一个截然明显的界线；"烧红"翡翠颜色界线不清晰，为渐变过渡关系。

图3.40 天然红翡与白色　　　图3.41 "烧红"翡翠颜色
有明显的界线　　　　　　　界线不清晰

看透明度：天然翡翠翡色部位相对会透明一些，尤其是界线部位透明度会比较好；"烧红"翡翠不同颜色之间透明度变化不大，红色部位有时反而透明度差。

看表面光滑程度：天然翡色翡翠抛光后表面光滑平整，反光明亮；"烧红"翡翠表面会出现细小干裂纹，光滑程度降低，反光弱。

【学后测评】

1. 简述肉眼鉴定翡翠的方法。
2. 简述翡翠 B 货的特征。
3. 简述翡翠 B+C 货的特征及与 B 货的区别。
4. 如何区分普通黄翡、红翡与烧红翡翠？

实训考核评价表

检查项目和内容	实际得分（100分）			
	个人（20%）	小组（20%）	教师（25%）	企业（35%）
翡翠A、B、C、B+C、D货划分				
肉眼识别				
仪器鉴定				
合　计				

注：合计评分为四级制，优（≥90）、良（75~89）、合格（60~74）、不合格（≤60）。

任务3　翡翠与相似宝石的区别

【知识目标】

1. 掌握翡翠的几种相似品名称及其特点；
2. 掌握翡翠与相似宝石的区别。

【能力目标】

能初步做到实际区分翡翠与相似品。

【素质目标】

通过翡翠与相似品的鉴别，让学生思考如何运用专业知识解决实际问题的能力。

【知识模块】

与翡翠相似的玉石有很多，市场上常见的品种有水沫子、澳玉、马来玉、绿色东陵玉、独山玉、岫玉、水钙铝榴石、玻璃等。

3.3.1　水沫子（钠长石玉）

水沫子是翡翠矿脉伴生的玉石，主要矿物成分为钠长石，其次有少量的辉石矿物和角闪石类矿物。

水沫子本身与翡翠一样美丽，不能因为被冒充成翡翠而将其打入冷宫，人为的主观因素不能成其为伪劣产品的罪名。其品质优良、外观美好，具有很大的观赏价值和升值空间。

图3.42

水沫子是一种水头很好，呈透明或半透明的"冰种"玉石，颜色总体为白色或灰白色，具有较少的白斑和色带，分布不均匀，带有色调偏蓝的色带者称为"水地飘蓝花"，常被加工成手镯、吊坠和雕件在台湾市场出售。

水沫子比重：2.6～2.8，硬度：5.5～6，玻璃光泽，粒状多晶体结构。命名：钠长石玉、钠长岩玉。

图3.43

①外观上：水沫子光泽不如翡翠好，且没有玻璃种、冰种翡翠润透，水沫子是玻璃光泽中略带弱珍珠光泽，而不会像翡翠那样玻璃光泽中略微带油脂光泽。

图3.44

放大观察法：水沫子主要由钠长石组成，不显翠性，并有较多白色的石脑或棉。

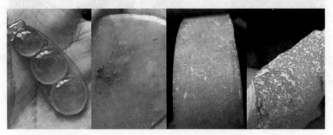

翡翠A货　　水沫子　　翡翠A货　　水沫子

图3.45

②手掂法：水沫子比重（2.57～2.64）比翡翠的比重小得多，水沫子的质量大概相当于同体积翡翠的1/3；新手的话，应该一手拿着水沫子，另一手拿着一款天然翡翠多比较比

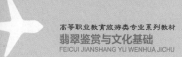

较，水沫子有轻飘飘的感觉，而翡翠有打手的感觉，对比多了，自然就会有手感了。

图3.46

③测定折射率法：水沫子的折射率（1.52 ~ 1.54）远比翡翠的折射率（1.66）低。

④透光看晶粒，透光可看到水沫的晶粒，其大小较均一，直径1 ~ 2 mm，形状与翡翠是不同的。

图3.47

3.3.2 软玉（白玉）

软玉以其细腻的质地、温润的光泽深受人们的喜爱，优质的白玉为高档玉雕材料。和田玉是中华民族的瑰宝，已被提名为中国的"国石"。早在新石器时代，昆仑山下的先民们就发现了和田玉，并作为瑰宝与友谊媒介向东西方运送和交流，形成了我国最古老的和田玉运输通道"玉石之路"，即后来的"丝绸之路"的前身。

图3.48

成分：是由透闪石、阳起石等组成的矿物集合体。为纤维状交织结构或毡状结构，质地细腻，致密，因其由细小的纤维交织而成，因此韧性极好，不易破碎，光泽滋润，常呈油脂感的玻璃光泽或油脂光泽，给人温润之感，也用玉来形容君子的一种美德。

物理性质：硬度为6.5，折射率为1.62，比重为2.95左右，半透明—微透明。

颜色：白色、灰白色、黄色、绿色、黄绿色、灰绿色、深绿色、墨绿色、黑色等。

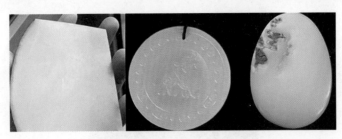

图3.49

与翡翠的区别：

①表面特征：抛光的碧玉常出现油脂光泽，肉眼看不到橘皮现象，透明度差。

图3.50

②颜色特征：墨绿色碧玉的色调与瓜青翡翠相似，但颜色分布更为均匀，常有呈四方形的黑色色斑。

③结构：软玉没有翠性和粒状结构。

④折射率：软玉1.61～1.62，小于翡翠1.66。

⑤相对密度：软玉2.95，小于翡翠3.30～3.36。

图3.51

3.3.3 蛇纹岩玉

蛇纹岩玉是我国应用历史最早，延续时间最长的传统玉料。在新石器时期出土的文物中主要是蛇纹岩玉。由于产地多，其价格低，是我国低价玉雕的主要玉料。因我国辽宁岫岩县产的蛇纹岩玉质量最好，故名"岫玉"。颜色以黄绿色为主，表面呈油脂光泽，硬度低，用一般的小刀即可刻动，而翡翠是不能刻动的。

①蛇纹石玉的结构细致，即使在显微镜下也看不出粒状结构，抛光表面上一般没有橘皮效应的现象，相当于老坑玻璃种质地的翡翠，但这种质量的翡翠为玻璃光泽，蛇纹石玉为亚玻璃光泽。

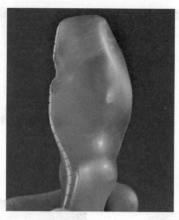

图3.52

②内含物特征：蛇纹石玉常有白色云雾状团块的各种金属矿物，如黑色的铬铁矿和具有强烈金属光泽的硫化物。

③相对密度：蛇纹石玉的相对密度比翡翠小很多，手掂会感到其比较轻。用静水称重或重液可以准确地加以区别。

④硬度：蛇纹石玉的硬度低，一般可被刀刻动，但要注意岫岩产的蛇纹石玉的硬度可以达到5.5，比小刀的硬度大，也比玻璃的硬度大，可以在玻璃上刻画出条痕。

图3.53

3.3.4　澳玉（绿玉髓）

澳玉又称南洋玉，因盛产于澳大利亚而得名。由于颜色翠绿，颇受人们喜爱。它有一定透光性，颗粒细，价格较低，曾经迷惑了一些人。其实它是一种隐晶质的SiO_2，在矿物学中称玉髓或石髓。澳洲玉严格来讲是绿色的玉髓，它的外观颇似翡翠，但与翡翠不同之处有：

图3.54

①澳玉的颜色均匀，呈生苹果绿，很少有深绿色，很像塑料。

②凭借放大镜观察，澳玉绝对看不到翠性。

③比重为2.60的澳玉比翡翠的比重小得多。

④澳玉的折射率为1.55，比翡翠的折射率低。

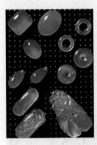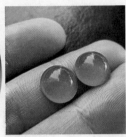

图3.55

3.3.5 马来玉

马来玉是一种染成绿色的石英岩，半透明状，绿色，由于马来玉是染色而成，因此透过光线可见绿色染料像丝状一样分布在石英岩中。

图3.56

在玉器市场以绿色鲜艳而又均匀的玉石做成的串珠或戒面，曾经蒙骗了不少人，以为它是"难得的高档翡翠"。

①肉眼观察，马来西亚玉的颜色过于鲜艳而十分不自然。

图3.57

②马来玉的比重为2.65，折射率为1.55。

③在查尔斯滤色镜之下颜色不会变红色，但在10倍镜下可观察到染色剂存在，即颜色很浮，是染色的现象。

④吸收光谱：在红区660～680 nm有吸收窄带。

3.3.6　水钙铝榴石（不倒翁）

水钙铝榴石为一种多晶集合体，半透明到不透明，也称不倒翁，常见浅绿色，绿色由Cr致色，呈点状、块状和不规则状色斑不均匀地分布，白色部分为无色的钙铝榴石。水钙铝榴石折射率1.74，相对密度3.45左右。

①绿色色斑：水钙铝榴石玉的绿色呈点状色斑，而翡翠呈脉状。

②光泽：水钙铝榴石玉饰品的光泽差，不易抛光。

③查尔斯滤色镜：水钙铝榴石玉的绿色部分在查尔斯滤色镜下变红或橙红色。

④水钙铝榴石玉的折射率1.74和相对密度3.50都大于翡翠。

图3.58

表3.1　翡翠及相似玉石的主要特征

品　种	折射率	重液反应（二碘甲烷）	查尔斯滤色镜反应	吸收光谱	外观特征（放大观察）
翡翠	1.66	3.30～3.36悬浮或缓慢浮或下沉	不变红	红光区可显三条吸收带，紫光区437 nm有一吸收线	颜色不均匀，有色根，有翠性、粒状结构、铁迹；光泽油亮橘皮效应，石花
绿玉髓	1.53	2.65漂浮	不变红	无特征吸收谱线	色均、隐晶质；表面有无色脉状分布
马来玉	1.54	2.60漂浮	不变红或粉红色	红区660～680 nm有吸收窄带	粒状结构，无翠性，绿色呈丝网状分布
蛇纹石玉	1.56～1.57	2.60漂浮	不变红	无	颜色偏黄，均匀且较淡，透明度较高，呈明显的油脂光泽
水钙铝榴石	1.74	3.45下沉	粉红色	蓝区可显吸收带（461 nm）	颜色不均匀常成点状、小团块状色斑
钠长石玉	1.53	2.66漂浮	不变红	无	白色絮状物、墨绿色灰蓝色的飘花
独山玉	1.56～1.70	2.73～3.18漂浮	粉红色	无	斑杂状色斑、黑色点状内含物
玻璃	1.66	3.32悬浮	不变红	无	具羊齿植物叶脉纹

续表

品　种	折射率	重液反应 （二碘甲烷）	查尔斯 滤色镜反应	吸收光谱	外观特征 （放大观察）
软玉	1.62	2.95 漂浮	不变红	绿区509 nm有一 吸收线	色均，光泽柔和，细 腻，油脂光泽

【学后测评】

1. 如何区分无色透明翡翠与钠长石玉？

2. 如何区分高档绿色翡翠与澳玉和马来玉？

3. 白色翡翠与白色软玉有何区别？

【实训模块】

实训目的：

通过实习，让学生全面掌握不同类型翡翠肉眼识别特征，并能用常规仪器检测翡翠，能区分翡翠与相似玉石。

实训准备：熟记翡翠鉴定基本特征，复习项目3的相关内容。

实训内容：

1. 肉眼识别不同类别的翡翠。

2. 使用常规仪器检测实物标本。

按下表要求描述所观察翡翠标本：

实训表

编　号	肉眼鉴别依据	仪器检测
定名		
定名		

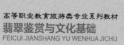

实训考核评价表

检查项目和内容	实际得分（100分）			
	个人（20%）	小组（20%）	教师（25%）	企业（35%）
翡翠与水沫子				
翡翠与软玉				
翡翠与绿玉髓				
翡翠与马来玉				
翡翠与独山玉				
翡翠与其他相似品				
合　计				

注：合计评分为四级制，优（≥90）、良（75~89）、合格（60~74）、不合格（≤60）。

项目 4

翡翠毛料与
赌石

人们给各种各样的毛料取了各种各样的名称，这些称呼平添了翡翠毛料的神秘色彩，让人感到毛料复杂凶险，深不可测。

任务1　翡翠毛料的分类

【知识目标】

1. 了解新厂玉与老厂玉产出的翡翠毛料的区别；
2. 了解部分翡翠毛料出产的厂口及其毛料特征；
3. 掌握原生矿和次生矿产出的翡翠毛料的区别。

【能力目标】

通过翡翠毛料的学习与实习，能对翡翠毛料进行初步识别。

【素质目标】

激发学生对翡翠毛料研究的积极性，并对赌石逐渐产生研究的兴趣。

【知识模块】

1）按产状分

按产状可分为山玉（原生矿）和仔玉（次生矿）。大自然产出的任何矿石，包括各种宝玉石，都可以分为两类，一类是原生矿，一类是次生矿（包括冲积、残坡积等），翡翠也不例外。

①翡翠原生矿：成矿后从未经过自然力（地震、火山喷发、风吹雨淋、河流搬运等）移动过的矿床叫原生矿。原生矿都是被泥土和岩石覆盖着，所以未见风化或风化程度较小。翡翠原生矿也是如此，因未风化或风化程度小，所以，翡翠原生矿没有皮壳或者只有极薄的皮壳，没有雾。这种毛料比较容易看清内部的质地。翡翠原生矿石可以很大，几吨几十吨一块的都被挖到过。原生矿的品质有好有差。

②翡翠次生矿：成矿后经风化搬动形成的矿床叫砂矿。砂矿裸露在外易被人们看到捡到，或又被泥石覆盖须挖掘才能找到。砂矿经自然力搬运，滚动撞击，易裂部分都分离，又经风化沙化，所以，可以很小，几千克、几克一块的都有，并且，有皮有雾。事实上，皮壳就是风化层，雾就是半风化层，而里面的"玉肉"，就是未风化的翡翠了。次生矿的品质好的居多。

图4.1　盈江县翡翠玉石毛料公盘交易市场

图4.2　原生矿

图4.3　次生矿

2）从厂口被开挖的先后分

从此角度又把毛料称为老厂玉和新厂玉，又叫老山玉和新山玉，也可以叫老坑玉和新坑玉。

①老厂玉（老山玉、老坑玉）。早期发现的那些厂口如麻蒙、会卡、摩披等出产的毛料。早期发现的厂口砂矿居多，所以，老厂玉有皮有雾，好料和高档料居多，民间常有"老厂（坑、山）玉好"的说法。其实，老厂玉中也有差料。

②新厂玉（新山玉、新坑玉）。后期又发现的另一些厂口如朵摩、缅摩、龙坑等出产的毛料。这些厂口的毛料原生矿居多，所以，新厂玉无皮无雾，或皮极薄，差料和砖头料居多，民间常有"新厂（坑、山）玉不如老厂（坑、山）玉好"的说法。其实，新厂玉中也有好料。

3）从挖掘的地方分

从该角度把毛料分为山石、水石与半山半水石。

①山石：从山上挖出的毛料。主要是原生矿，虽然既有好料也有差料，但差料居多，所以民间有"山石不如水石"之说。

②水石：从河流中采到的毛料。只有砂矿，好料居多，所以民间都说"水石好"。

③半山半水石：从山上挖出的风化程度不高的毛料。皮薄，质地好坏不一。其实主要就是残坡积砂矿。

4）从出产的厂口分

这个角度在交易中很重要。由于不同厂口的成矿条件有差异，因此，不同厂口的毛料在外观和质地上就有区别。行家老手们往往能观其特征知其厂口，知其厂口就能大致料其优劣。所以，毛料商们常以能否看出厂口为荣耀，也以此在心里暗暗评估交易对手的能力。以厂口分类的毛料就以厂口称呼，如帕敢石、会卡石、后江石等。以上四个角度已经概括了所有的毛料。但是，毛料一旦运到玉石加工厂，玉石加工厂又要从两个新的角度分类了。

5）从档次的角度分

从档次的角度把毛料分为色料和桩头料。

①色料。色好、水好、种好，高档料。

②桩头料（砖头料）。色、水、种都差，中低档料。

6）从用途的角度分

从用途的角度，把毛料分为戒面料、手镯料、花牌料和摆件料。

①手镯料——适合做手镯的毛料。

②花牌料——适合做花牌即各种挂件的毛料。

③摆件料——适合做摆设雕件的毛料。

【学后测评】

1. 什么是翡翠原生矿？其产出的翡翠毛料特点是什么？
2. 原生矿与次生矿产出毛料有何区别？
3. 老厂玉和新厂玉有什么不同？
4. 简述会卡石的特点。

任务2　翡翠毛料的鉴别

【知识目标】

1. 掌握翡翠毛料鉴别的主要方法；
2. 掌握翡翠毛料的特征。

【能力目标】

学会如何判断翡翠毛料的能力。

【素质目标】

激发学生对翡翠毛料研究的积极性，并对赌石逐渐产生研究的兴趣。

【知识模块】

翡翠毛料的鉴别主要从翡翠结构构造、成分、翠性、比重等方面来鉴别。翡翠结构构造大多是粒状变晶交织结构，颗粒粗肉眼清楚可见颗粒界限，有明显翠性，翠性是识别翡翠毛料的重要特征。翡翠的主要矿物成分是硬玉、钠铬辉石和绿辉石，硬玉属于辉石族矿物，单斜晶系，常常形成柱状晶形，具有平行柱面的两组解理。

图4.4 翠性

钠铬辉石的化学成分：$NaCrSi_2O_6$，常有Fe、Ca和 Mg等杂质成分。由于Cr的含量很高，使得钠铬辉石的颜色很深，通常呈墨绿色，并且不透明。如干青种的翡翠和铁龙生。

图4.5

绿辉石的成分较为复杂，通常呈不规则的细脉、团块状分布在翡翠中，这种翡翠被称为飘兰花种。绿辉石也能形成单矿物的集合体，市场上称为墨翠。

角闪石是翡翠中最常见的次要矿物，最明显的识别特征是黑色或墨绿色的颜色和大片的解理面。透射光下角闪石常常呈褐黄色。一般来说角闪石对翡翠的品质具有不利的影响，并被称为"黑癣"。

图4.6

翡翠的比重为3.30～3.36，相对于其他玉石的比重，手掂有重感。

【学后测评】

1. 如何从结构上鉴别翡翠毛料？
2. 铁龙生毛料有何特点？

任务3　翡翠赌石

【知识目标】

1. 了解赌石的含义；
2. 了解赌石的类型；
3. 了解赌石的常用语；
4. 掌握部分厂口产出翡翠毛料的特点。

【能力目标】

通过对赌石相关知识的学习，使学生能对赌石进行初步的预测。

【素质目标】

培养学生对问题的抽象与分析的能力和习惯。

【知识模块】

　　翡翠，是玉中之王，人人都喜欢，尤其是漂亮的更具有魅力。而翡翠毛料，喜欢的人也越来越多，不仅仅是其价值高，而是因为翡翠是世界所有石头中唯一需要赌的赌石，具有诱人的神秘性和刺激性。如何挑选一块适合自己的翡翠毛料，的确得了解和掌握一些基本知识和一定的方法技巧。

图4.7　多翠绿色翡翠毛料——色料（明料）

　　赌石或赌货是指翡翠在开采出来时，有一层风化皮包裹着，无法知道其内的好坏，切割的翡翠称赌石。

　　老厂产的翡翠都有皮，但产在河床中的水石翡翠也为老厂玉，皮很薄或无皮。

新厂产翡翠大多无皮，但产在坡积层内的有皮。

皮的厚与薄主要取决于风化程度的高低，风化程度高皮就厚。一块翡翠原料表皮有色，表面很好，在切第一刀时见了绿，但可能切第二刀时绿就没有了，这也是常有的事。离开翡翠矿山的地方，赌涨的只占万分之一（指色料），在翡翠矿山赌涨的几率要高得多。赌涨一玉，一夜暴富，但绝大多数以失败而告终。忠告玩玉者赌石要慎重。

4.3.1 明料、半赌石、赌石

1）明料

明料是指将翡翠原石已经切开的原料，或已经全拔了皮的原石，行内称为"开门"。其特点是比较明了，虽然还有一定赌性，风险相对较小一些。

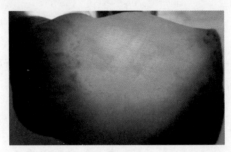

图4.8

2）半赌石

半赌石，是指将翡翠原石已经切开了一个小口，或擦开了一个或若干个小口，行内称为"开窗"。其特点往往是开了的口有翠绿色，或"开窗"的玉质较好，或擦口皮下有"黄雾"（即黄翡），但也有的擦口既没有绿也没有翡，玉质不好的。这类半赌石无论擦口的表现如何，其赌石风险都比较大。

图4.9

3）赌石

赌石，是指还带皮的翡翠原石，几乎没有擦口，或擦口只擦一层薄薄的皮，仍然看不清楚原石内部的玉质和颜色情况，难以判断其价值如何，行内称为"赌石"，即全赌。其特点是靠经验和眼力，是碰运气，或讲赌赢的概率，一般成功率非常低，风险非常大，有"一刀富一道穷""疯子卖疯子买还有一个疯子在等待""疯狂的石头"等形容词，因而具有较大的诱惑力和刺激性。

图4.10

4.3.2　赌石的常用俗语

1）厂口

　　厂口就是翡翠的产地。缅甸翡翠产地也称矿区或厂区，共分6个厂区，每个厂区又分许多厂口。各个厂区所产翡翠，外观、质量、颜色都有各自的特点。因此，看赌石时，首先分辨赌石的厂口十分关键。

　　后江石：水石，砾石小，色阳，裂多。

　　帕敢石：常出高色。

图4.11　后江石　　　　　　　图4.12　帕敢石

　　会卡石：种好，以飘花为主。

　　摩西砂石：灰皮壳，质地细腻。

图4.13　会卡石　　　　　　　图4.14　摩西砂石

2）皮壳

　　皮壳：砾石状翡翠的外部皮层。

种类：白沙皮、黄沙皮、红沙皮、灰沙皮、水翻沙、黑乌沙。

白沙皮：指白色的沙皮子。其中，白盐沙皮是白沙皮的上等货，有白色如食盐状的皮壳。白沙皮和白盐沙皮经常产出玻璃种翡翠、冰种翡翠，是高级种水料存在最多的皮壳特征。

黄沙皮：指黄色的沙皮子。其中，黄盐沙皮是黄沙皮中的上等货，有换色如食盐装的皮壳。所有厂口都有黄沙皮。黄盐沙皮只要沙粒翻的均匀，就是好货。经常出现高绿翡翠，是高色翡翠存在最多的皮壳特征。

水翻沙皮：关键是要看其沙是否翻得均匀，多数呈水锈色，少数呈黄黑色或黄灰色。

黑乌沙：表皮乌黑并有一层蜡壳覆盖，所有厂口几乎都有黑乌沙产出，但质量最好的是帕敢和南奇厂口的黑乌沙。

翡翠的皮壳在一定程度上反映着它的内部特征。一般情况下，如果皮壳厚，结晶粗，皮质粗糙，结构松散，裂隙较大较多的话，翡翠内部的质量不会好。但是也有例外，那就是"龙到处有水"。如果皮壳结晶细，结构紧密细润，裂隙少的话，翡翠内部的质量也会好。品质优良的翡翠大多出现这一皮壳形状。另外皮壳上的颜色与所含致色元素有关。如果皮壳呈白色，说明石头成分较纯，含绿色成分的几率不高，如果皮壳呈黄色、褐色和黑色时，则说明内部含绿色成分的可能性较大，高质量的绿色翡翠多产于黄色、褐色和黑色皮壳。

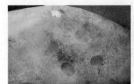 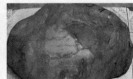  

图4.15 白沙皮　　　　图4.16 黄沙皮　　　　图4.17 水翻沙皮　　　　图4.18 黑乌沙

3）蟒带

蟒带是出露于翡翠砾石表层的绿色色带，是翡翠皮壳上出现的与其他石皮不同的形状，有条状、点状、丝状、块状。有蟒的地方容易有色。

蟒是翡翠商人判断翡翠内部有无绿色、色浓色淡的主要依据之一。有的蟒势头很好则可以据此下赌，有的则须蟒上带松花方可下赌。

4）松花

松花是翡翠表皮的点点绿色，是翡翠内部的绿色在风化皮壳上的残留表现，是赌色最重要的依据。其有浓有淡，有大有小，形状各异，一般来说是讲越绿越艳越佳。

图4.19 蟒带　　　　　图4.20 松花

5）雾

雾是翡翠的"皮"（已风化或氧化）与"肉"（内部未风化或氧化）之间的过渡层。雾不能直接影响色。但有雾的时候说明种老，硬度高，雾是判断厂口、质量、真伪的重要依据之一，也是决定开价的重要因素。

6）癣

癣是指翡翠表皮或内部见有黑灰色或黑色的斑块、条带等。因为这些黑色癣主要是矿物角闪石、致色矿物和一些氧化物等，故癣与翡翠的绿关系密切。民间称"黑随绿走""癣吃绿"等。癣与绿逐步过渡或界域分明。

图4.21 雾　　　　　　　　　图4.22 癣

4.3.3　赌石预测

赌石是翡翠交易的精华，也是翡翠交易中获取巨额利润的重要方式，刹时平地暴富，瞬间一贫如洗，大起大落，神魂颠倒，惊心动魄，行业内有神仙难断寸玉的说法。

其实，在缅甸和中缅边境许多翡翠商人在常年的贸易过程中积累了丰富的赌石经验，他们对翡翠的皮壳、癣、蟒、松花、裂咎、厂口等各种表现来综合分析，判断赌石，形成了行业内公认的赌石经验和技巧。

看颜色，翠绿色、翡色、紫罗兰色三大高色中，以翠绿色价值最高，其绿色分一至十分色，相差一分色其价位相差数倍；翡色和紫罗兰色也比较珍贵。看玉质及其透明度，水头分一至十分水，每高出一分水其价值也高出数倍。看杂质，杂质多价值低。看裂，裂多影响价值，如果加工能去掉，值得考虑。看用途，如果是直接收藏翡翠原石，得考虑尽量不切开或只切小口或擦口的种色水好的赌石。

①弯蟒较直出现色料机会大。
②不同厂口的赌石质量不同。
③具黑乌沙皮壳的翡翠赌性大。
④防止翡翠赌石做假，如"假皮""窗绿"。

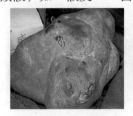 

图4.23 仿黄沙皮赌石假皮　　　图4.24 窗绿

⑤宁买一条线，不买一大片。

翡翠的形成，是在区域变质作用时原生钠长石分解为硬玉而形成；或者认为是在板块碰撞产生的压扭性应力和低温作用下，钠长石先形成变质程度较低的蓝闪石片岩，进一步变质成硬玉而成。

【学后测评】

1. 蟒带和癣有何区别？
2. 预测赌石主要有哪些方法？
3. 列举部分著名厂口出产翡翠毛料的特点。

【实训模块】

实训目的：掌握翡翠毛料鉴定方法，根据皮壳特点判断毛料的不同厂口，并对翡翠的赌石有一定分辨能力。

实训准备：收集有关翡翠毛料和赌石的资料，特别是翡翠不同厂口毛料的特点。

实训内容：

1. 根据翠性、掂重鉴定毛料的性质，以及是否为翡翠。
2. 根据皮壳特征判断毛料厂口。
3. 对不同赌石进行观察，预判赌石的赌性内容。

注意：本次实训根据实训基地毛料进行，也可到赌石市场进行观察实习。

实训表

特征描述	厂口	赌性

实训考核评价表

检查项目和内容	实际得分（100分）			
	个人（20%）	小组（20%）	教师（25%）	企业（35%）
翡翠毛料分类				
厂口区分				
翡翠毛料鉴别				
翡翠赌石类型				
翡翠赌石文化				
合　计				

注：合计评分为四级制，优（≥90）、良（75~89）、合格（60~74）、不合格（≤60）。

任务4　翡翠加工流程

【知识目标】

1. 了解翡翠加工的流程；
2. 掌握每个步骤的大致要求。

【能力目标】

能简要描述翡翠加工流程，并能根据实物讲解加工流程。

【素质目标】

激发学生对翡翠加工的热情和积极性。

【知识模块】

翡翠开采、运输、加工、销售历来是云南人所为。在缅甸古都阿摩罗补罗城的一座中国式古庙里，碑文上刻有5 000个中国翡翠商名字，这在玉缘和珠宝也有介绍。明中叶高官太监驻守保山腾冲专门采购珠宝。当时从永昌腾越至缅甸密支那一线已有"玉石路""宝井路"之称。腾冲至缅甸的商道最兴盛时每天有2万多匹骡马穿行其间，腾冲的珠宝交易几乎占了世界玉石交易的9成。到1950年，腾冲县在缅甸的华侨达30余万人。直到今天，云南人在缅甸从事翡翠业的人达数万。

俗话说，玉不琢不成器。翡翠由于其高硬度、高比重和以翠色、翡色、紫色为主的丰富颜色，以及其原料（特别是高档料）非常稀少而珍贵，被称为玉中之王。因此，其加工程序、加工材料、加工工具和加工设备有别于其他玉石。现将翡翠玉加工流程和工序介绍如下：

1）选料

这是重要的开端，翡翠玉料多带皮壳，是世界上唯一带皮壳的玉石，故也称为赌石或赌货，也是其他玉石所没有的。因此，选料的关键是加工用途，是做摆件、器件、手镯、挂件、戒指还是戒面等？原料的特征与加工用途的关系非常密切，如果选择不好，不仅浪费原料，加工出来也会亏本。

图4.25 选料

2）开料

开料也是关键环节，有些人赌石心切，往往一刀而下，不仅可能把翠切掉（因为好翠往往是较薄的），也有可能做不了整体雕刻艺术品，失去其本来的价值。一般正常程序是先擦皮看玉石表面特征，比如翠色的走向，裂隙的发育与走向，翡色和紫色等颜色，黑色的分布状况，种水里外变化分析与估计，原石的外形等特征；其次，根据原石整体状况与可能做加工的用途来确定；然后，再决定是整个原料做雕件，还是切开来做。

图4.26 开料

3）用途定位与设计

①做小件：考虑用途与出成率。如圆雕件和手镯等。②做小雕件：如做玉佩和腰牌等，要考虑做什么图案，既用上原料的优势特征，又符合雕件图案的要求，否则，容易出废品。③做摆件：主题图案的选择确定与原料特征的关系密切，是非常关键首要的环节。如设计做人物类，关键是看原石有无杂质，或干净一点的部位做人物的脸，还要考虑原石

是否够人物的比例使用等因素。

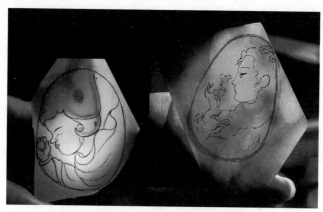

图4.27 设计

完美的翡翠玉器，都是经过创意设计精工而成的翡翠玉艺术品。雕件设计上根据原石色、种、水、形、裂、黑、玉质等特征，将原石提高到最大价值为原则。一般雕件图案：人物、山石、吉祥类、动物类、花卉类对原料的要求是不同的。雕件主题图案与相配衬托图案是有原则和有比例的，而不是图案的简单堆积。

【学后测评】

1. 如何进行选料？选好之后的毛料如何开料？
2. 如何根据具体的料子进行设计？

任务5　翡翠加工工艺

【知识目标】

1. 了解翡翠加工工艺；
2. 了解翡翠雕刻的技法。

【能力目标】

知道并对翡翠加工工艺进行描述。

【素质目标】

激发学生对翡翠加工的热情和积极性。

【知识模块】

1）切割

①小件：分步切割成不同用途规格的大小，把不能用或不符合规格的片料，改变其加工用途，达到物尽其用。

②摆件：根据设计图案要求，切割成大致毛坯。

2）铡

用金刚石砂轮（粗号砂）进一步打去无用部分成粗毛坯。

3）錾

用金刚石（中号砂）砂轮进一步打去凸凹部分和整个表面无用部分。

4）冲

用金刚石砂轮或圆砣，将上一工序的粗毛坯，进一步冲成粗坯。

5）磨

用各种规格磨砣磨出图案圆雕部分样坯，如水果、山石和树根等。

6）雕

①轧：用轧砣过细，开出人物、动物、山水和花卉等图案的外形。如开脸、动物身体和树木花卉根茎叶等。

②勾：用勾砣或各形钉勾出细纹饰，像人的鬓发、胡子、凤毛、动物毛、鳞和植物的叶纹等。

③收光：一般大型有实力的工厂都有这一道工序，采用专用工具和材料，把前面雕刻工序多余刻痕和砂眼磨平整，为下一道打磨抛光工序打下良好的基础。

雕刻方法：中国是有七千多年文明历史的古国，那么玉石加工也有了七千余年的历史。在玉石雕刻的历史长河中，我们的祖先创造了非常先进的雕玉工具和玉雕方法，我们将众多玉雕方法中的常用部分，简单介绍如下：

①浮雕：指凸雕，有浅浮雕、深浮雕、俏色雕。如：福禄寿禧等。

②透雕：是指透空雕，有十字透空雕，有圆形透空雕，有纹饰透空雕等。如：动物的下肢和树枝等。

③镂雕：是指将玉石镂空，而不透空，有深镂空（如花瓶、笔筒等）和浅镂空（如笔洗、烟缸等）。

④线雕：是指线刻、丝雕，如人物的头发、动物的毛发和水浪等。

⑤阴雕：是指凹下部分的一种雕刻方法，如阴阳八卦等。

⑥圆雕：是指圆弧形雕刻，如茶壶、茶杯和球形玉件等。

【学后测评】

对翡翠加工工艺进行简要描述。

任务6　打磨抛光工艺及装潢

【知识目标】

了解翡翠的打磨、抛光及装潢工艺。

【能力目标】

知道并对翡翠的打磨、抛光及装潢工艺进行描述。

【素质目标】

激发学生对翡翠加工的热情和积极性。

【知识模块】

1）打磨

①人工打磨：属半机械化，人工通过磨机，用各形金刚砂轮工具，从粗磨至细磨，精磨到亚光。

②机器打磨：属全机械化，通过振机用金刚砂完成从粗磨到细磨、精磨各工序。一般圆雕小玉件打磨时间，正常需3～4天。

2）抛光

①人工抛光：人工通过抛光机，用各类抛光工具和抛光材料抛出亮光。主要用具为毛刷、黄竹、抛光粉及超声波清洗机。

②机器抛光：振机加抛光材料，一般圆雕小玉件正常需2～3天完工。人工打磨抛光相比机器自动打磨抛光，一般时间较长，成本较高，但效果也更好，保留雕刻纹饰的立体与雕峰风格。

3）装潢

①摆件的装潢：配底座是摆件最重要的装潢，摆件配座的材料和款式很多，配得好可达到艺术与价值的提升。

②包装：是最后一个环节，一件美丽的翡翠玉商品，有好的包装包括内包装和外包

装，配套包装，既有装饰美化、提升档次效果，还有保护与运输的功能。

【学后测评】

谈谈你对打磨、抛光工艺的理解。

实训考核评价表

检查项目和内容	实际得分（100分）			
	个人（20%）	小组（20%）	教师（25%）	企业（35%）
翡翠加工流程				
翡翠加工工艺				
翡翠雕刻技法				
翡翠抛光与装潢				
合　计				

注：合计评分为四级制，优（≥90）、良（75~89）、合格（60~74）、不合格（≤60）。

项目 **5**

翡翠玉石文化

玉文化是中华文化的重要组成部分。人们常把一些民间传说、文化习俗、宗教信仰和生活信念等观念形象化地融入玉石中，赋之以特殊的文化内涵。

博大精深，构筑了中华几千年璀璨夺目的玉文化殿堂。战国时期有名的"和氏璧"价值连城。秦始皇统一中国后，用"和氏璧"雕琢成传国玉玺，其形如鱼龙凤鸟，美不胜收，并由宰相李斯书大篆"受命于天，既寿永昌"刻之于玉玺上。明清时期，中华民族国粹之一的玉文化也迎来了发展的高峰期。此时的作品集中了七千年玉文化之大成，玉质之美、品种之多、雕琢之精、应用之广都是空前绝后的。

玉石的文化性使玉石并不仅仅以物质形式而孤立存在，而成为人们思想情感的一种表达形式和精神的寄托。即不仅具有物质性，同时还具精神性。

任务1　玉石文化

【知识目标】

1. 了解中国传统玉石文化；
2. 掌握玉的概念以及主要玉石品种；
3. 掌握中国四大名玉。

【能力目标】

知道玉石的含义和翡翠的含义。

【素质目标】

激发学生对本门课程学习的积极性。

【知识模块】

5.1.1　玉石的文化性

①使人们无法用常规的市场价格尺度去衡量。

图5.1

②其价值尺度取决于人们对玉石文化内涵的理解程度、思想理念和精神寄托的轻重。

③是"玉无价"的精髓所在。

④我国玉器的起源可追溯到10 000年的原始社会新石器时代，故称万年玉器史。

5.1.2 古代玉文化的含义

①生产工具：玉器诞生之初的产物。如玉凿、玉斧等。

图5.2

②祭品及礼品：原始先民认为，玉器具有通神的功能，是通神的崇拜物，是偶像，从而将玉神化，作为巫师祭祀的用品。商周时祭祀自然神的"六器"：以苍璧祭天，以黄琮礼地，以青圭礼东方，以赤璋礼南方，以白琥礼西方，以玄璜礼北方。

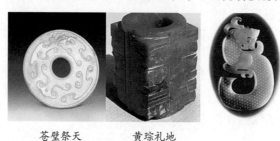

苍璧祭天　　　　黄琮礼地

图5.3

③装饰品：发饰、头饰、颈饰、腰饰。

图5.4

④玉是权力、等级的象征。玺——皇帝印章，诸侯、相国以下分别用金、银、铜印。

⑤殓葬品：玉被认为属神之物，具有使尸骨不朽的神力，玉器作为主要的随葬品之一。如玉琀——禅，有"金蝉脱壳"之说。

⑥神物崇拜：玉作为神物，与神仙紧密联系。

天帝——玉皇、玉帝；

神仙——玉童、玉女；

神仙所住——玉堂、玉房、玉室；

仙境——玉山、玉阁瑶台、玉宇琼楼。

⑦美德的象征：玉的五德——仁、智、义、勇、洁。

《说文解字》："玉石颜色，温润光泽，仁德也；据纹理自外可以知中，此乃表里如一，心怀坦荡之义也；玉石之音，舒展清扬，此乃富有智慧，兼远谋之智德也；玉石坚硬，宁折不弯，勇德也；廉洁正直，洁德也。"

"君子无故，玉不去身""宁为玉碎，不为瓦全"。

对女子的赞美：冰清玉洁、玉骨冰肌、守身如玉、花容玉貌、纤纤玉手、亭亭玉立、香消玉殒。

⑧药物：古有食玉可以健康长寿、长生不老之说法。"琼浆玉液""神仙玉浆""玉膏""玉脂""玉屑"等，都为可食用玉制品。

图5.5 清代翡翠灵芝如意

【实训模块】

实训目的：通过省博物馆的参观，让学生通过实体观察及对相关资料的查阅，提高学生对中国古代玉文化的了解程度，提高学生资料搜集整理的能力。

实训准备：学生前往博物馆进行参观，搜集符合个人兴趣的玉文化图文资料。

实训内容：观察博物馆，了解古代玉文化相关内容，形成报告。

实训表

博物馆玉石号	玉石名称	描述（时代、玉质、用途等）	图 片

实训考核评价表

检查项目和内容	实际得分（100分）			
	个人（20%）	小组（20%）	教师（25%）	企业（35%）
实训考核表				
古代玉文化内涵				
玉文化小论文				
合　计				

注：合计评分为四级制，优（≥90）、良（75~89）、合格（60~74）、不合格（≤60）。

【学后测评】

谈谈你对玉文化的理解。

任务2　翡翠玉石文化

【知识目标】

1. 了解中国传统玉石文化；
2. 掌握玉的概念以及主要玉石品种；
3. 掌握中国四大名玉。

【能力目标】

知道玉石的含义和翡翠的含义。

【素质目标】

激发学生对本门课程学习的积极性。

【知识模块】

　　中国人对翡翠玉石的特殊爱好自古有之，喜爱翡翠甚于黄金和其他玉石，在古代"君子无故，玉不去身，君子与玉比德焉"，并以玉的温润色泽代表仁慈，坚韧质地象征智慧，不伤人的棱角表示公平正义，敲击时发出的清脆舒畅的乐音是廉直美德的反映。正因为此，自古以来得到人们由衷的偏爱。

　　在漫长的岁月中，我们的祖先创造了许多对美好生活向往和追求寓意吉祥的图案。这些吉祥图案融合了劳动人民的欣赏习惯，反映了人们善良健康的思想感情，因而在社会上广泛流传，为人们所喜闻乐见。吉祥图案广泛应用于历代翡翠上。"穿金显富贵、戴玉保平安"，天精地髓·真玉世家的翡翠吉祥图案生动逼真，多种多样，素材包括人物、器物、动物、植物等，表现内容有祈求福寿吉祥、平安如意、多子多孙、升官发财。玉是中国人手中的宝，更是心中的魂。金银有价玉渡有缘。天精地髓天然翡翠产品形式新颖，品种齐全，品质一流，包括玉佛、如意、平安扣、竹节、长命锁、福豆、貔貅等。寓意丰富，如百年好合、龙凤呈祥、福寿双全、状元及第、连升三级、吉祥如意。

人类有三种心理表达方式，即动作的、意象的和符号的。符号表达方式是最高级的形态，翡翠玉石饰品就有很明显的符号学特征。它最能象征佩者的高尚、高雅、柔婉、华丽和富有，是衡量主人审美个性及情感品位的标尺，可以代表社会装饰文化的理性品质。

"人养玉、玉养人"。中国是爱玉的国度，翡翠玉石文化的传承贯穿了我们五千年的文明史。君子比德于玉，千百年来一直成为文人雅士洁身自好的追求。在民间，玉石被赋予了吉祥如意、招财进宝、祈福驱邪、幸福长寿等多重美好的寓意，深受百姓的喜爱，在民众当中具有广泛的基础。

随着我国国际地位的提高和国际间的文化交流，我国的传统文化越来越多地被西方国家所认识、了解和接受。中国作为一个有着五千多年玉文化史的文明古国，崇玉、礼玉、赏玉、藏玉的传统观念业已根深蒂固。玉石在我国被赋予了丰富的文化内涵，它已经不仅是作为一种装饰品为人们所喜爱和珍藏，更是一种精神和文化的象征。

目前市场上可见到的翡翠玉成品，既有中国传统文化，又有现代东方文化与西方文化相结合，各种文化的融合，大大提高文化艺术内涵，综合各时代各类图案，归纳出主要有以下寓意：

5.2.1 佛教文化寓意

佛教题材在翡翠玉文化中占有很重要的比例和地位。主要为弥勒佛、观世音、千手观音、送子观音、南海观音、普陀观音、各种菩萨等图案。

佛，意译觉者、知者，觉悟真理之意。亦具有自觉、觉他、觉行圆满，成就正觉之大圣者，乃佛教修行之最高果位。佛是大智、大悲与大能的人，是慈悲与善的化身，更是无数向往真善美的劳动人民的心灵寄托。所以玉佛有着吉祥与平安和祛邪避凶之意，也代表着对佛和对玉的崇敬，是人们把对佛的崇拜寄托承载在玉这个包含美好因素的圣物之上所产生的佛具。

玉佛是玉与佛的结缘，将玉雕刻成佛，这是中华民族玉文化和佛文化的融合，更加赋予了玉以高贵的象征，也充分体现了佛的尊严。佛是玉摆件、把件、挂件常用的传统题材，常取大肚弥勒佛的造型。弥勒佛在佛教中被称为未来世佛，是继释迦牟尼佛之后掌管佛国的未来佛，是掌管未来世界的教主，有着最慈悲的胸怀，最无边的法力，帮助世人渡过苦难。弥勒佛以大肚、大笑为形象，有"大肚能容天下难容之事，笑天下可笑之人"之说，玉佛的寓意代表了人们向往宽容、和善、幸福的愿望！也成为解脱一切烦恼的化身。在民间还有五子戏弥勒、六子闹弥勒的传说，也常常体现于翡翠摆件的雕刻制作上。

观音和佛都是来源于印度佛教。观音，又名观世音，意思就是世间一切遇难众生只要发声呼救，观世音就会及时观其声音而前来相救。因为观世音菩萨大慈大悲，拯救一切苦难众生，故其全称为"大慈大悲救苦救难观世音菩萨"。后来因为避唐太宗李世民讳，略去"世"字，简称"观音"。

观音在印度佛教中是男身的，大约在魏晋时期传入中国时，观音还是以"伟丈夫"的形象高坐佛殿神堂，如梵僧观音形象。在甘肃敦煌莫高窟的壁画和南北朝的木雕中，观音也都是以男子汉形象出现，嘴唇上还有两撇小胡子。但到后来，逐渐被演化为女性形象。这主要是在中国民间流传的观音，已经不是纯粹的佛教观音菩萨了，而是佛教文化与中国道教文化的融合。可以说，是把佛教观音菩萨与道教的王母娘娘有机地结合了起来。尤其是唐朝武则天掌权以后，随着女性地位的提高，给观音逐渐融入了母性慈爱的一面，使之逐渐演变为非常秀美妩媚的女菩萨形象，如水月观音形象。在中国也流传有观音为妙善公主之说。因此，目前在中国观音主要是以女性形象出现。

图5.6 翡翠佛与观音

在玉石佩戴中有"男戴观音女戴佛"之说，是取阴阳调和、二性平衡之意。男性属阳，女性属阴，观音为女性属阴，佛为男性属阳，故"男戴观音女戴佛"可阴阳相互搭配，达到阴阳平衡的效果。从中国的传统文化观点看来，阴阳之道就是宇宙万物的化生之道，阴阳流转、阴阳交感就是宇宙自然生生不息的内在本质，是人体生命运动的内在机制，因此，不管是修生还是养性，都需要达到阴阳的平衡，进而达到身心和谐、天人合一的境界。

男子以事业为重，情绪受外界工作环境的影响较大，性情比较反复。观音心性温和、仪态端庄，男子佩戴观音，增加了一份平和，一份稳重，以助事业一臂之力；同时，"观音"的谐音为"官印"，这与中国传统的"封侯挂印""升官发财"思想相对应，也是人们对事业前程的蒸蒸日上、飞黄腾达的良好期望。"戴佛"寓意代代有福。

女子以家庭为重，以母亲的形象成为一家之主，是整个家庭的象征。弥勒佛头圆、肚圆、身子圆，慈悲为怀、笑口常开、一团和气、乐观向上。女性佩戴玉佛，充分体现了母亲的慈爱，以及对整个家庭的和和美美、圆圆满满、欢欢喜喜的良好期望；同时也能有大肚佛一样的肚量，能够容纳家庭生活烦琐之事，对待生活笑口常开，和气生财，所谓的"家和万事兴"。在玉雕中有"五子闹弥勒"的造型，也是充分体现了合家欢乐的景象。而佛的谐音也就是"福"，戴佛也就是"代代有福"，能够保佑自己、家人和子孙和谐美满、富贵相安。

由此可见，"男戴观音女戴佛"是中国传统玉石文化对佛教文化和道教文化的理解与升华。当然，不论观音还是佛，都是能够帮助人们普度众生、祛灾祈福、避邪消灾、逢凶化吉、永保平安的守护神。因此，玉佩当中观音和佛的佩戴，大家并不一定要完全遵守"男戴观音女戴佛"这一说法，也可以根据自己的兴趣爱好和缘分来选择佩戴。目前男的佩戴佛，女的佩戴观音的人也有不少，只要自己感觉好，其实都一样。

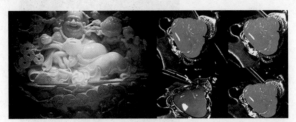

图5.7

图5.8

5.2.2 吉祥如意

吉祥如意反映人们对幸福生活的追求与祝愿。在玉佩图案中主要用龙、凤、祥云、灵芝、如意等表示。这类图案的玉佩一般适合各种客人佩带。

①龙凤呈祥：一龙一凤和祥云。龙代表鳞兽类动物的图腾部落，凤代表鸟类动物的图腾部落。两部落冲突，龙胜，合并了凤，从此，天下太平，五谷丰登，也是高贵吉祥的表现。祥云代表有好的预兆，表示对未来的美好祝愿。现代把结婚之喜比作"龙凤呈祥"，表示夫妻喜庆。

图5.9 翡翠龙凤牌

②喜上眉梢：两只喜鹊落在梅枝上。在中国的传统习俗上，喜鹊被认为是一种报喜的吉祥鸟。"眉"与"梅"同音。喜鹊立在梅梢表示喜鹊报喜，一对双喜。寓指人好事当头，喜形于色。

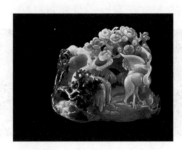

图5.10

③喜在眼前：图案：喜鹊、古钱。喜鹊取一"喜"字、钱与"前"同音，"喜在眼前"，喜事在当前也。

④欢天喜地：图案：獾、喜鹊。獾，又称猪獾。"獾"与"欢"同音。用獾和喜鹊组成"欢天喜地"，形容有非常高兴的事情。

图5.11 喜在眼前　　　　图5.12 欢天喜地

⑤三阳开泰：阳，羊同音，寓吉祥，"三羊"喻"三阳"。开泰即启开的意思，预示要交好运。寓意祛尽邪恶，吉祥交好运。精雕细刻成山羊，三阳开泰，出入平安，招财，进宝。象征着万事吉祥、如意、永保平安。

图5.13

⑥福寿如意：图案：蝙蝠、小动物、寿桃和灵芝。蝙蝠为福，寓意福到；小动物为兽，音与"寿"相同，取长寿之意，与寿桃同样代表长寿；灵芝与古时如意同形，体现称心如意，表示幸福、长寿、事事顺意。五个福寓意"五福临门"。和铜钱在一起寓意"福

在眼前"。与日出或海浪一起寓意"福如东海"。

图5.14 翡翠福寿

5.2.3 长寿多福类

在玉佩图案中主要用寿星、寿桃、代表长寿的龟、松、鹤等来表达人们对健康长寿的期望与祝愿。佩戴人群以中、老年人为主。

①三星高照：三星是传说中的福星、寿星、禄星。他们专管人间祸福、官禄、寿命。在图案中往往由手持蟠桃的寿星、鹿和蝙蝠组成。象征幸福、富有、长寿。

②福寿双全：一只蝙蝠、两个寿桃、两枚古钱。蝙蝠衔住两枚古钱，伴着祥云飞来。图案以谐音和象征的手法表示幸福、长寿都将来临，即福从天降。

③福在眼前：一个古钱的前面有一只或两只蝙蝠。蝙蝠意"遍福"；古钱中间都有眼，"钱"与"前"同意，"有眼的钱"意为"眼前"，加上蝙蝠，表示福运即将到来。

④福禄寿：葫芦和上面的一只松鼠或其他动物。"葫芦"意为"福"和"禄"；动物为兽，意指"寿"，表示福、禄、寿全之意。另外，福禄寿也可以用蝙蝠、梅花鹿和松鼠等兽类动物来表示。翡翠颜色：福—紫罗兰，禄—翠，寿—翡，禧—青色。

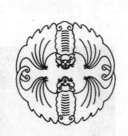

图5.15 三星高照　　　　图5.16 福寿双全　　　　图5.17 寿星　　　　图5.18 福禄寿

⑤五福捧寿：五只蝙蝠围住中间一个寿字或一个寿桃。五福之意；一曰寿、二曰福、三曰康宁、四曰攸好德、五曰考终命。也就是一求长命百岁，二求荣华富贵，三求吉祥平安，四求行善积德，五求人老善终。五福是人们对"福"字的最全面理解，一旦拥有了"五福"，自然是长寿又幸福了。

图5.19 龟鹤同寿　　　　图5.20 松鹤延年

5.2.4　家和兴旺类

　　表示希望夫妻和睦、家庭兴旺。玉佩图案主要用鸳鸯、并蒂连、白头鸟、鱼、荷叶等表示。这类图案的玉佩往往作为结婚喜庆的礼品相赠，或表示夫妻恩爱、家和万事兴。

　　①和合如意：盒、荷、灵芝。盒、荷喻"合和二圣"，灵芝喻如意，指人事和睦，事业兴旺，繁荣昌盛。盒、荷与合、和同音，多比喻夫妻和睦，鱼水相得。和合如意寓意夫妻和睦则福禄无穷。

　　②百年和合：荷花、盒子、百合、万年青这四种吉祥物组合成图案。表示祝贺新婚夫妇和和美美、百年到老。

　　③白头富贵：白头鸟、牡丹。中国民间把白头鸟比作夫妻恩爱、白头偕老；牡丹花，为富贵花，是宝贵的象征。图案既表达了夫妻恩爱百年，又是生活美好的象征。

　　④年年有余：荷叶、莲藕和鲤鱼。莲意为年，藕指藕断丝连，为年年不断；鱼为余，指丰衣足食。表示丰庆有余，生活富裕。

图5.21 白头富贵　　　　图5.22 年年有余

5.2.5　安宁平和类

　　表示现代社会里人们对安定、平和生活的向往。代表的玉佩图案主要用宝瓶、如意等表示。给一些常年在外工作或工作、生活漂泊不定的人佩戴，以寄托家人对他的平安祝愿。

①平平安安：一个花瓶和两只鹌鹑。瓶寓平，"鹑"则为"安"，为音寓。祝愿万事顺意。

②富贵平安：在花瓶内插有一枝牡丹花。牡丹为花中之王，表示尊贵、富有。花瓶则为平安之意。

③竹报平安：爆竹或竹、鹌鹑。爆竹爆裂发出的声音，称为"爆竹"，过去以爆竹声来驱逐山鬼。表示驱除邪恶，祈祷安宁之意。

图5.23 平平安安　　　图5.24 富贵平安　　　图5.25 竹报平安

5.2.6 事业腾达类

象征人们对个人成就和仕途前程的向往与祝愿。代表的玉佩图案主要用荔枝、桂圆、核桃、鲤鱼、竹节等表示。佩戴者比较注重个人成就和自我价值的实现。

①连中三元：荔枝、桂圆、核桃、果实都是圆形。"圆"与"元"同音，喻"连中三元"。寓意夺得旧时科举考试中乡试、会试、殿试的第一名。

②鲤鱼跳龙门：传说鲤鱼跳过龙门即可成龙，寓指一举成名。状元、及第戴冠童子手持如意骑龙上。冠与官同音。童子戴冠军，科举成功。骑龙，如同鲤鱼跃龙门而成为龙一般，出人头地。寓意考试高中且居榜首。

③封侯挂印：猴子爬在枫树上挂上印章。枫树的"枫"字与"封"音相通，寓为封奖；"猴"与"侯"同音，寓官位；印即官印。意指事业腾达，加官进爵之意，体现事业的成功。

④节节高升：以竹节表示。意为不断进取，节节向上。竹子：平安竹，富贵竹。竹报平安或节节高升。

图5.26 连中三元　　　图5.27 封侯挂印　　　图5.28 节节高升

5.2.7 辟邪消灾类

表示人们希望在某种神灵保护下，生活顺利、事业顺心、身体健康、万事如意。代表性的玉佩图案用观音、佛、钟馗、关公、张飞等来表示。

在民间有"男戴观音女戴佛"的说法，主要是祈求观音和佛对人们身体、生活和工作的保佑。当人们身体有病，会佩戴如钟馗、关公、张飞等玉佩，期望能尽快驱除病魔，使身体康复，从精神上给人一种安慰。

图5.29 达摩　　　　图5.30 钟馗　　　　图5.31 关公

5.2.8 生肖文化寓意

用十二生肖属相：子鼠、丑牛、寅虎、卯兔、辰龙、巳蛇、午马、末羊、申猴、酉鸡、戊狗、亥猪代表人生寄托吉祥，其属相者佩戴相应生肖玉佩为护身符，辟邪，祈求平安和幸福。

鼠：机巧聪明，仁慈乐观，配有金钱图案，为金钱鼠，象征富贵发财的属鼠人。

牛：勤劳致富，购股票有牛市的寓意，参与的人能赚钱。扭（牛）转乾坤、牛气腾腾。

虎：比喻威武勇猛，显示一种实力。虎雄千里、虎虎生威。

图5.32 翡翠鼠　　　　图5.33 翡翠牛　　　　图5.34 翡翠虎

兔：人人喜爱的动物，温雅美丽。玉兔灵芝、灵兔吉瑞。

龙：是动物的神，能兴云布雨，利益万物；佩戴龙坠象征：顺风得利，为人上之人也。龙腾云天、大展宏图。

蛇：代表小龙，佩戴能顺风得利，有君子之德。福禄玉蛇、金蛇飞舞。

图5.35 翡翠兔　　　　　图5.36 翡翠龙　　　　　图5.37 翡翠蛇

马：寓意有马上发财、马到功成、马上封侯、马上平安（马上相逢无纸笔，凭君传话保平安）。骏马奔腾、马到成功。

羊：因羊与祥和阳谐音，寓意吉祥和三阳开泰，吉运之兆。

猴：聪明伶俐，也是封侯（猴）做官之意；猴王孙悟空，乃是千岁爷，佩戴有猴的坠，寓意千岁爷随身保护，使人健康长寿。

图5.38 翡翠马　　　　　图5.39 翡翠羊　　　　　图5.40 翡翠猴

鸡：因鸡与吉谐音，寓意大吉大利；翠雕锦鸡，即寓意锦绣前程之意。金鸡报晓、吉运来临。

狗：做事敏捷，忠诚，有吉祥狗、富贵狗、欢喜狗的说法。拳拳之心、前程有望。

猪：寓意步步高升，金榜题名。福猪吉祥、祝福平安。

图5.41 翡翠鸡　　　　　图5.42 翡翠狗　　　　　图5.43 翡翠猪

【实训模块】

实训目的：通过翡翠市场的考察，让学生掌握常见翡翠的造型、雕刻题材，更加深入地理解翡翠中所蕴含的文化意义。

实训准备：学生分组前往市场对常见翡翠的雕刻题材进行观察，进行图文整理。

实训内容：进行市场考察，从佛教文化寓意、吉祥如意、长寿等多方面深入了解翡翠玉石文化，形成报告。

实训表

玉石造型特点	造型题材寓意描述	图　片

实训考核评价表

检查项目和内容	实际得分（100分）			
	个人（20%）	小组（20%）	教师（25%）	企业（35%）
实训考核表				
翡翠造型寓意				
翡翠造型吉祥寓意				
合　计				

注：合计评分为四级制，优（≥90）、良（75~89）、合格（60~74）、不合格（≤60）。

【学后测评】

1. 说说你认为最常见的翡翠饰品的造型，它们分别代表了什么含义？

2. 若有一位50多岁的男性朋友找你咨询翡翠，你会想到向他推荐哪些造型的翡翠饰品，为什么？

项目 **6**

翡翠市场

随着改革开放以来中国经济快速、稳健发展，爱玉、购玉、赏玉的人越来越多，翡翠行业作为一个因社会经济发展而发展，与物质、精神文化相融相通的行业，近些年来也得到了前所未有的发展。

翡翠作为"玉石之王"，在中国有着独特的、不可取代的地位，而翡翠市场与钻石等几大名贵宝石的市场相比，也同样有着其特色。

任务1　缅甸的翡翠市场

【知识目标】

了解缅甸翡翠市场的基本情况。

【能力目标】

知道缅甸翡翠市场的大致状况。

【素质目标】

激发学生对翡翠市场了解的积极性。

【知识模块】

缅甸的翡翠市场主要有三种交易形式：一是在翡翠玉石交易市场进行交易，二是通过几家大的翡翠珠宝公司进行贸易往来，三是与一些散落在郊外的个人进行交易。

①翡翠珠宝交易市场位于老帕敢，其交易市场街长约100米，许多缅甸小商贩也通常拿着小毛料在此交易，也有少量的成品戒面、片料，翡翠玉石生意不是很多，交易规模也不大。因为许多玉石老板们认为老帕敢的买家少，卖不上好价钱，所以只会将其认为价值不高的翡翠毛料在此出售，好的则运到瓦城去卖，部分上品则运到仰光去参加拍卖。在老帕敢缅甸政府设有专业的翡翠估价部门，对要出售的翡翠进行估价，然后就地上税，而后进行交易，成交情况不理想，就导致老帕敢翡翠市场的大批商家逐渐移至瓦城，使后者成为缅甸最重要的翡翠集散地交易中心。

图6.1　缅甸翡翠市场

②瓦城翡翠珠宝交易中心位于城边上，是一片约有两万平方米的大市场，场内是一排排木制的大棚子，只有少数带门户的房子。整个市场分成翡翠戒面区、手镯区、毛料区、片料区、加工区以及雕件区等。整个市场以戒面的交易量最大，但戒面质量以中档为主，深色较多，阳绿者较少见，加工质量一般。原料市场则以低档货色为主，片料中偶见一些比较好的小片料，适合制作各类小花件。该市场封闭管理，外国人入内需交纳不高的入场费。一般日客流量为5 000～8 000人。在场内，有固定收货的以坐商为主，也有游商，一般收货者坐在桌后，卖货者就会将货品递上供其选择，然后开始讨价还价。整个市场鱼龙混杂，既有高档戒面，也有B货、C货，甚至镀膜翡翠，翡翠买卖完全靠眼力。尤其当一个新的买家出现时，各色货品一齐上来，是否能买到真东西，全靠真正的翡翠鉴赏能力。

③瓦城的毛料市场主要集中在几个公司手中，这些公司在帕敢都有自己的矿山，同时也代理其他翡翠玉石商人的毛料营销业务。瓦城的几个大公司主要有金固、双龙和红宝龙等，这几家公司都有自己的看料室，每当买家来到公司，公司就根据其以往的交易经历及喜好，将相应的毛料拿出供其看货选购。为保证交易成功率和安全性，一般情况下，如无人引见，公司是不会给一个陌生人拿出特别好的毛料。值得一提的是在这几家公司买货不会有真假之虞，但价格要自己斟酌。虽然目前翡翠成品市场尚不太景气，但原料市场的买家仍较多，价格竞争也比较激烈，对某些原料，你认为不能接受的价位，可能就被别人接受了，所以原料的价格越来越高，利润也随之越来越薄。商家普遍感到，只要不是赌涨的料，一般很难赚钱。

④缅甸的个人交易市场多为翡翠毛料交易。在瓦城，个人交易市场多散落在郊外。一些小的玉石商家，他们在矿上得到了一两块毛料，不愿意让大公司作代理，一般就在行业内部寻找买家。由于免除了税收中间环节，成交价位对双方都有利。这样的原料有时赌性很大，但往往也可出奇获利。当然，在帕敢也有类似的市场，少量的买家在矿口恭候，随时准备购买刚开采出的翡翠，希望在第一时间买到好翡翠。这些商家一般都与矿主有着长期合作关系，并相互信任。此种交易方式运气成分很大，故风险也极大。广东的商家也有在帕敢和瓦城长期居住，进行翡翠毛料交易的。

⑤缅甸仰光玉石毛料公盘。缅甸政府在20世纪60年代初，将所有的矿产资源收归国有后，为堵塞税款流失，使稀缺的翡翠玉石资源为国家创造出更多的外汇收入，于1964年3月开始举办翡翠玉石毛料公盘。公盘，是指卖方把准备交易的物品在市场上进行公示，让业内人士或市场根据物品的质料，评议出市场上公认的最低交易价格，再由买家在该价格的基础上竞买，从某种意义上来说，它只是"拍卖"交易方式的雏形。截至2009年3月，已举办了46届。每届参加公盘的翡翠玉石毛料占缅甸年总开采量的2/5左右。

公盘地点：缅甸珠宝交易中心（Myanmar Convention Center，MCC），距仰光城区约25千米。

供货商的组成：由缅甸政府核准拥有翡翠玉石毛料开采权、经营权、加工、运输、中介服务等权益并领取正式营业执照的缅甸籍国营或私营珠宝贸易公司。

竞买商的邀请：一是由缅甸各级政府邀请；二是由缅甸各级珠宝协会邀请；三是由缅

甸珠宝贸易公司邀请。

图6.2 缅甸翡翠公盘

【学后测评】

自行收集关于翡翠公盘的相关信息，并相互交流。

任务2 国内翡翠市场

【知识目标】

掌握国内主要翡翠珠宝市场的特点及大致状况。

【能力目标】

能说出国内几大翡翠珠宝市场之间的异同。

【素质目标】

激发学生对翡翠市场学习的积极性。

【知识模块】

比较有代表性的主要翡翠市场有：广东的广州华林街翡翠市场（规模全国最大）、揭阳的阳美翡翠市场、肇庆的四会翡翠市场（有4个）和佛山的平洲翡翠市场（含拍卖有8个）、云南的瑞丽翡翠市场（有4个）、盈江翡翠市场和腾冲翡翠市场（有3个）、昆明玉器城翡翠市场、北京的翡翠市场、上海的城隍庙翡翠市场、福建的莆田翡翠市场、香港的翡翠市场、台湾的翡翠市场等。

6.2.1 瑞丽翡翠市场

瑞丽市作为"东方珠宝城"的品牌，发展了5个专业的玉石珠宝交易市场，形成了原料、加工、批发、零售等一条龙产业链，吸引了来自中国、缅甸、巴基斯坦、印度、尼泊尔等国的商人在此从事玉石珠宝行业。它已拥有珠宝步行街、华丰商城、姐告玉城、中缅街、水上娱乐园五大珠宝园区，当地从事珠宝经营的商家达四千余户，从业人员超过两万人，年销售额达20亿元，珠宝业创造的增加值占GDP的比重达到了8.6%。

姐告位于瑞丽市南4千米，总面积1.92平方千米。东、南、北三面和缅甸的木姐镇相连，距木姐镇中心仅500米。国境线长约4千米，有9座界碑，镇北横贯着一条东达腊戍、曼德里，西至八莫、密支那的公路干线，是我国大西南地区通向东南亚、南亚的理想窗口和门户。2000年8月，国务院批准瑞丽姐告边境贸易区实行全国唯一的"境内关外"特殊监管模式后，瑞丽翡翠玉石集散地的功能迅速扩大，翡翠玉石交易活动日趋活跃。海关的统计数字表明，在缅甸年产的两万吨翡翠毛料中，约有6 000吨流入我国。其中，通过瑞丽这条"翡翠之路"进入的，就占到了4 000吨。姐告玉城翡翠毛料批发交易市场是瑞丽规模较大的毛料交易市场。

图6.4 姐告翡翠市场

6.2.2 腾冲

腾冲⋯⋯⋯⋯远的翡翠加工和交易市场，清代以来，一直是达官贵人们寻求翡翠和⋯⋯⋯⋯⋯这里玉雕作坊就有100多家。现在由于瑞丽等地边贸市场的兴起，腾冲的⋯⋯⋯⋯市场规模才不如瑞丽等地。腾冲市场的翡翠以雕件为主，各种摆件、挂件较多，⋯⋯⋯工手镯和少量戒面，那里偶尔还能觅得一些民间收藏的老货。腾冲市场上翡翠成品中B货、C货较少，但戒面中也有套色或充色货。

6.2.3 昆明翡翠市场

昆明翡翠市场主要在云南地矿珠宝交易中心、景星花鸟市场、小龙四方街等特色翡翠交易市场，同时还有许多大的单户。

6.2.4 广东四大翡翠玉石批发市场

广东作为改革开放的先锋和经济发达地区，尽管资源匮乏，但广东已经形成了独具特色的工业加工能力，尤其是利用外来资源和外来劳动力方面。玉石行业也是这样。目前广东已经形成了国内最大的玉器加工基地和批发市场，具体说来就是进口缅甸的原料，利用当地的和外来的产业工人进行加工，并利用强大的市场能力面向全国销售。广东目前已经形成了四大玉器市场，广州、平洲、揭阳和四会。这4个市场也各有特色。

广州玉器市场的规模很大，货的种类也很全面，高中低档都有，交易量也很多，可以说是客商云集。这和广州的城市地位有关，交通方便、服务业发达。

平洲以手镯著名，也是石料交易市场。卖手镯、加工手镯的相对而言最多。手镯工艺简单，但需要较大的原料，平洲的毛料多，适合做手镯的毛料也多，因此便以手镯而闻名业内。

揭阳工艺精美，全国闻名，市场规模不大，以阳美村为中心。揭阳的翡翠市场主要以高档货为主。在阳美玉器市场，开价几十万上百万的货随处可见，据说经常有香港、台湾的大珠宝商来此看货和购买。

四会的玉雕起源于清末民初，后来由于历史的原因而没落了，改革开放后，四会的玉雕行业迅速发展起来，可以说是现在中国最大的翡翠加工基地之一。四会目前已经形成了清塘石料市场、天光墟毛货市场和玉器街净货市场三大市场。其中，天光墟毛货市场因其交易时间在凌晨，且交易的多为未抛光的毛货而最具特点，在行业内久负盛名。

【实训模块】

实训目的：通过对翡翠市场的实地参观和信息收集，掌握不同地区翡翠市场的不同特点。

实训准备：复习项目6的内容，并通过网络等方式提前了解当地翡翠市场的相关信息。

实训内容：

1. 参观当地翡翠市场，若有几个市场，则分别参观并作对比。

2. 根据实地参观和收集到的信息，分组对当地翡翠市场的特点进行描述，并与国内大型翡翠市场进行对比。

3. 根据实训内容1、2完成实训报告。

【学后测评】

1. 云南和广东的翡翠市场有何不同？

2. 自行收集北京、上海、莆田等翡翠市场的信息。

任务3　翡翠市场新变化

【知识目标】

了解翡翠市场新的发展趋势。

【能力目标】

知道翡翠市场新的发展趋势，并能对新趋势有自己的想法。

【知识模块】

随着互联网、移动通信、物流配送体系的迅猛发展，网络消费在近些年的国内消费市场中异军突起，呈现出快速发展的态势，成为日益活跃的消费热点。2015年网络零售额将超过3万亿元，将占到全社会消费品零售总额的10%以上。在这样的大环境下，传统珠宝行业也不可避免地遭受了冲击，翡翠市场同样在所难免。目前，翡翠珠宝产品的网络消费开始呈现出前所未有的新变化。

6.3.1　消费人群日趋年轻化、高学历化

过去很长时间，翡翠饰品的消费人群主要集中在35～60岁这个年龄阶段。但2014年以来，一些相关数据显示，翡翠珠宝行业的近五成消费群体集中在35岁以下，年龄最小的翡翠网购客户仅十多岁。另外，有关数据显示，超过七成的翡翠消费者拥有专科及以上学历，近四成消费人群的单次消费在2 600元以上。

造成翡翠网购人群年轻化主要原因大致可总结三点：一是微信、微店等各种借助移动互联网兴起的销售平台，大大增加了产品的曝光率，刺激了消费；二是年轻人，尤其是高学历年轻人的消费理念、能力和水平的提升，以及信用卡消费的普及，一定程度上促进了消费；三是翡翠玉石产品更加贴近年轻消费人群，过去的翡翠款式传统、古板，不符合年轻人的选购需求，而近年来，翡翠市场的各类产品也在不断改革，款式新、雕刻美，总体设计时尚、新颖，迎合了年轻消费人群。

6.3.2　中西部地区消费能力明显增长

从行业中的数据分析来看，近年来翡翠网购的消费人群以北上广深为主的总体格局并没有改变，但却呈现出中西部地区翡翠网购人群不断增大，甚至连过去网购人数较少的新疆、西藏、青海等地也增长较快。

造成上述变化的原因是多方面的，一方面物流寄递行业的迅猛发展，加快了新的网购人群、网购习惯的形成；另一方面，通信信息行业的发展，网购平台与电脑、手机、平板等多终端均能很容易进行连接，以及以微信公众平台为代表的新兴传播方式的崛起，使翡翠消费的信息更深入地得以传播，加速推进了潜在消费人群的网购行为。

另外，翡翠市场的理性回归、网购环境的进一步规范也是重要原因之一。2013年以来，翡翠市场经历了几年的低迷，开始回归理性。高端翡翠消费的大面积削减，价格亲民的普通产品不断走热已成为不争的事实。值得一提的是，李克强总理多次"公开谈网购"，有关部门对网购环境、支付安全的进一步强化，也为翡翠网购的这一变化提供了支撑。

6.3.3　品牌成为消费者选购的第一考虑

品牌，正在成为翡翠网购者的第一考虑要素，这恰恰反映了消费理性正在向纵深发展。过去，网购行为常常被超低的价格、诱人的卖家秀等影响，许多消费者的网购行为或多或少地受到非理性因素的影响。

这些年来频频爆出的翡翠消费者维权案件，90%以上的诱因均是由毫无信赖度的景点摊或没有任何品牌依托的微信代理购买引起的。这很大程度上刺激了网购人群的理性回归。近几年，各个行业的龙头企业或龙头企业的大型代理商均通过开设天猫旗舰店，入驻京东商城、苏宁易购等大型网购平台，或者开通自己的网购平台，介入了网购消费市场的竞争。珠宝翡翠行业也不例外，一些较大的珠宝企业纷纷介入网络消费市场，这也使得消费者更容易理性消费。近一年来，翡翠网购人群对翡翠销售者的品牌影响力和信誉度以及自身关系人群对品牌的口碑传播越来越重视，品牌建设已成为了所有翡翠珠宝企业不可缺少的重要一环。

翡翠网购行业的特殊性决定了大企业、大品牌能够最大限度地保障消费者的购买利益和消费权益。翡翠网购消费者也更加理性地认为：品牌不是一个公司名，也不是一个店名或微信、微店名，消费者更注重考查翡翠网购品牌的经营年限、媒体关注，以及与品牌相关的公司、创始人及团队等的更多真实、能够建立信赖感的资讯。

6.3.4　玉雕艺术品成为网购消费热点

2014年以来，玉雕艺术品大受市场欢迎。某公司在2014年"双十一"期间举办了名为"全国首场玉雕大师作品网络展销会"的玉雕作品网络拍卖会，通过前期宣传预热，拍卖当天仅用不到2分钟时间58件玉雕艺术品就被一抢而空，这一现象成为媒体和市场关注的焦点，玉雕艺术品网购消费热可见一斑。

进入2015年，玉雕艺术品网购市场还有一个引人注目的事件：玉雕界名家艺术品馆的销售模式引发媒体行业关注。2015年4月的北京国际珠宝展上，某些玉雕界的名家通过自己的工作室采取网络宣传销售、实体展示销售、团队巡展销售的模式，极大地满足了玉雕艺术品藏家的消费需求和比较优质的消费体验，使得玉雕艺术品的新型营销模式再次成为了行业内的一个焦点。

2014年以来玉雕艺术品消费人群不断增多，催生了许多围绕玉雕艺术家展开的销售、运作模式。如名家小品的网络拍卖、抢购等呈现火爆局面，有的公司通过微信公众号进行网络拍卖，在良好的信誉保证下，每周一期的拍卖活动，几乎每期的拍品都能接近100%成交。

翡翠网购呈现的这些新变化，一方面反映出翡翠销售市场正在急剧变化，网络销售正在逐渐取代传统门店销售模式，这无论是对促进翡翠销售市场的理性回归，还是促进消费市场的理性及翡翠价格的更加透明，均大有裨益。另一方面，这些新变化也反向推动销售市场、加工环节等产业链上游，根据消费主体、消费需求的变化，适时作出相应调整，以构建一个更加理性、更加成熟、更加稳健和健全的翡翠网络消费市场。

【实训模块】

实训目的：通过对新型翡翠市场的实际使用和信息收集，掌握新型翡翠市场的特点。

实训准备：提前对经营翡翠的新型珠宝公司进行了解，每个小组至少掌握10个新型珠宝公司的简要情况。

实训内容：

1. 对经营翡翠的新型珠宝公司的公众号、淘宝店、自营网站等进行详细浏览。

2. 对翡翠的网络拍卖进行参与（观察），至少10场。

3. 详细观察网络平台如何对玉雕大师进行包装。

4. 将观察、浏览的内容进行小组总结、讨论，并分别完成自己的实训报告。

实训考核评价表

检查项目和内容	实际得分（100分）			
	个人（20%）	小组（20%）	教师（25%）	企业（35%）
缅甸翡翠市场				
国内翡翠市场				
新型翡翠市场				
当地翡翠市场				
合　计				

注：合计评分为四级制，优（≥90）、良（75~89）、合格（60~74）、不合格（≤60）。

项目 **7**

翡翠市场选购

在珠宝行业，钻石是全球唯一有统一分级标准的宝石。在市场上看见颜色各异、质地不一的各种翡翠，翡翠之间的细微差距，都会导致它身价间的天壤之别。所谓黄金有价，玉无价，其实一块质地好的翡翠是十分稀少珍贵的。

色、透、匀、形、敲是一般人观赏或评价翡翠的方法。

任务1　市场翡翠制品的选购原则

【知识目标】

掌握翡翠制品的选购原则。

【能力目标】

1. 能运用相关翡翠知识对翡翠制品进行选购，并能对商品进行描述和介绍。
2. 培养学生对翡翠的评价能力。

【素质目标】

激发学生对实际选购翡翠的兴趣，并培养学生运用知识解决实际问题的意识。

【知识模块】

翡翠制品的选购原则具体包括看色、看质地细腻程度、看种（透明度）、看杂质与裂隙缺陷、看玉文化的体现、看设计与加工工艺、看款式、看尺寸大小、看价格定位。

7.1.1　看　色

翡翠的颜色有很多种，最常见的有白色、绿色、红色、黄色、紫色、灰色、蓝褐色、黑色等色彩，其中绿色最为稀少，故最为珍贵，也是价值所在，绿色以鲜艳嫩绿的翠绿为最佳，以浓、阳、正、匀为上品，纯紫罗兰、靓翡红色价值也甚高，红、绿、白三彩（福、禄、寿）更为佳品。

图7.1

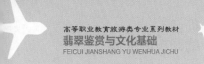

翡翠的颜色丰富，是决定翡翠价值的首要因素，颜色差一点点，价值就差很多。因此，正确观察颜色非常重要。但价值高的仅限于翡翠中的绿色，所以翡翠颜色的评估，实际上也就是翡翠中绿色的评估。好的绿色要达到的标准是正、阳、浓、均。

"正"指的是颜色的色彩（色调），如翠绿、黄绿、墨绿、灰绿等。

"浓"指的是颜色的饱和度（深度），即颜色的深浅浓淡。

"阳"指的是颜色要鲜艳明亮，受颜色的色调和浓度的影响。

"匀"指的是均匀程度。

要求：正面：浓、阳、俏、正、和；反面：淡、阴、老、邪、花。

图7.2

7.1.2　看质地

质地（底）：翡翠的底色与结晶颗粒的粗细。

较好：玻璃地、蛋清地、藕粉地、糯化地。

较差：瓷地、干白地、狗屎地。

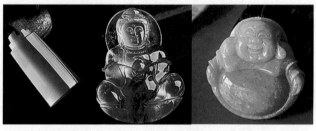

图7.3

7.1.3　看　种

种：翡翠颜色、透明度与质地的综合。翡翠种好，显得富有灵气；种差则显得呆板。有"外行看色、内行看种"之说。

结构细腻致密"种"就好；反之"种"就差。行话说，"外行看色，内行看种"，充分说明种的重要性。行业中通常称为"老种"是指结构细腻致密，粒度微细均匀，透明度好，微小裂隙不发育，它的硬度比重最高，是质量较好的翡翠。结构粗、疏松，透明度差的称为"新种"。

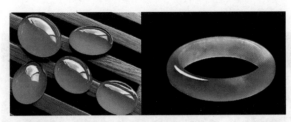

图7.4

7.1.4　看杂质与裂隙缺陷

杂质与裂隙是影响翡翠质量的重要因素。

①杂质：黑点、苍蝇屎、"癣"；锈色：有表皮氧化铁质，浸染的浅黄色，多则为翡色，少则为锈色。

②裂隙：在透射光下观察翡翠中裂隙的发育程度，有"裂"与"石纹"之分。

"石纹"——翡翠中愈合裂隙留下的痕迹，也称"水纹、水筋、石筋"，对质量影响不大。

裂隙在表面往往会有裂线表现，但石纹没有，挂件中会利用多余的装饰条纹来掩盖裂隙的存在。

③看绵。绵多发朦。

7.1.5　看翡翠的文化性表现

在翡翠成品上有所表现出的特殊的文化内涵。

7.1.6　看工艺

①设计：突出主题，设计巧妙；设计与玉质完美结合。

②雕刻工艺：一块翡翠价值的高低与其雕刻工艺的精细、寓意的巧妙有着十分重要的关系，"三分料、七分工"，纯手工的雕刻及翡翠颜色不同的特征使每一件成品都是独一无二的。原石深埋于底，历经地壳变动，如能三合为一，本是世间难寻的美玉，价值连城。

③抛光工艺：翡翠抛光是一项技术性较强的工艺，商家为了掩盖抛光缺陷，常用打蜡、抹油的方法对抛光不好的翡翠表面进行处理。

鉴别：打蜡——用针尖刻画凹槽部位，会有蜡粉末划出；抹油——染手，用白纸包裹会有油印映出。

7.1.7　看款式

①戒面。

形状：圆形、椭圆形、马鞍形、马眼形。

颜色：绿色（祖母绿、翠绿、豆绿）。

要求：颗粒饱满，圆滑匀称。

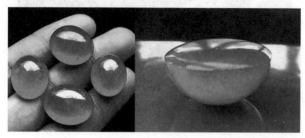

图7.5　翡翠戒面

②手镯：圆圈、扁圈、贵妃圈、雕花。

注意：一些雕花手镯往往隐藏有暗裂。

图7.6

③挂件：单面雕、双面雕、立体雕、包金。

7.1.8　看尺寸大小

挂件大小应当与佩戴人相适合，包括大小、厚度、形状。

7.1.9　看价格

"黄金有价玉无价"，翡翠的价格比较难用统一的价值尺度衡量。可从如下方面考虑：

①质量：色、种、质地、大小、瑕疵。

②玉文化表现。

③设计与加工工艺。

④个人喜好程度。

⑤"好货不便宜，便宜无好货"。

图7.7　玻璃种阳绿满色海洋之心极品镶嵌挂坠

图7.8

【实训模块】

实训目的：

通过对翡翠销售柜台情景的模拟，让学生掌握翡翠制品选购原则在实际情景中的运用，并对翡翠销售有一定认识和理解。

实训准备：

1. 综合复习学过的翡翠知识，重点记忆本任务的内容；

2. 在珠宝营销实训室中准备翡翠销售柜台。

实训内容：

1. 对翡翠柜台销售情景进行模拟，部分学生扮演销售员，另一部分扮演消费者，在情景模拟结束后交换身份再次模拟。

2. 就自己在情景模拟中遇到的问题和感悟进行小组讨论，并于讨论后自行完成实训报告。

注意：本次实训根据实训基地柜台实际情况进行；实训过程中老师及学生均需特别注意货品安全。每人须完成两种身份模拟各两次。

任务2　翡翠市场交易

【知识目标】

1. 掌握翡翠交易的特征和形式；

2. 掌握翡翠交易的原则；

3. 理解并掌握翡翠交易要领。

【能力目标】

知道翡翠如何进行市场交易，并能有自己的理解。

【素质目标】

让学生学会自主思考与评价翡翠市场交易行为。

【知识模块】

7.2.1　翡翠市场交易特征

1）翡翠价格的不确定性

翡翠不同于钻石，钻石有一个4C标准才使其价值评估变得直观，而翡翠没有这样的标准。早在20世纪70年代，美国珠宝学院就宣布要制订翡翠的评价标准，国内的某些地区、某些专家也试图制订出相似于钻石4C的标准，但现在也没有成功，其根本原因就是翡翠的评价要素太复杂，以及价格的不确定性。"黄金有价玉无价"，翡翠货主开出的价常常是一个"天价"，故行内有"漫天要价就地还钱"，买家出什么价取决于其对翡翠市场行情的掌握和看货的眼光。

2）定价干扰因素的复杂性

①观察环境的干扰：观察环境有室外和室内；光线强弱；时间早晚。

②周围人员环境的干扰。

③自身心理不稳定性因素的干扰。（心态）

3）质量的不确定性

个人的兴趣爱好不同，对玉石的审美不同，衡量翡翠质量标准也不同。如颜色的偏好、透明度的偏好、工艺的偏好。

4）交易的传统性与不规范性

翡翠市场的特殊性，造就了翡翠市场具有较高门槛的特征。要求从业人员不仅要懂得经营，重要的是懂得对翡翠的鉴别与评价。市场经验需要用时间和经历去积累。

7.2.2　翡翠交易形式

1）统货交易

批量出售（戒面、手镯），数量大，价格低；同一块料加工，品种单一，大小、质量参差不齐；利润高，但出手慢，容易产生积压，适合大公司批量购买。

2）挑单件交易

挑选出售，质量好，但价格高；品种可多样，针对性强，买家可挑选到自己喜好、对路的品种。利润低，但易出手，不会产生积压，适合个体买家进货。

3）交易程序

①看货；

②喊价，可以是天价；

③还价，可以是地价；

④成交，需要经过一定时间的讨价还价。

4）交易规则

喊价再高也无关紧要，还价再低也无所谓，还价后，若卖家愿卖，可成交，一般不得反悔。

7.2.3　翡翠交易原则

这里所说的翡翠交易，是指翡翠玉商在翡翠集散地与供应商的交易。正因为有了前面讲述的翡翠交易的特点，才显得这个问题重要。许多成功的玉商在翡翠市场上摸爬滚打几十年，才练就出一套独特的翡翠交易技巧。可以肯定地说，每一个翡翠玉商在其经营成功的背后都有一段翡翠交易的体会和心得。这些体会和心得是用钱买来的经验，或者说是在不断的吃亏上当中总结出来的教训。

1）多看少买

不管是一个经验老到的玉商还是一个刚刚从事翡翠营销的新手，到一个市场后都要利用一天或数天的时间了解市场，熟悉市场行情和市场供求状况。翡翠的价格和市场供求状况受多种因素的影响，其中影响最大的当数翡翠原料供求的原因。近年来，低档翡翠的市场价格一直保持着相对平稳，而高档翡翠原料由于资源越来越少，导致其价格逐年上涨，以前一次大的市场行情的变化大致需要一年的时间，而现在，每三个月就有一次大的上涨。如果不搞清楚市场行情就盲目下手，要么吃亏上当，要么买不到好货。所以要对市场行情、供求状况和价格情况有了全面的了解之后，再决定买哪些货不买哪些货，不要等到钱花得差不多了才发现自己的货价格出高了，或者看到更好的货已经没钱购买了。

2）最好有可靠的熟人介绍

如果翡翠交易市场上有可靠的熟人或朋友，将是一笔可观的资源。他们对市场行情和货源比较熟悉，可以为自己有目的地找货节省很多时间，也不必担心会买到假货，更主要的是，当买卖双方在价格方面相持不下时，他们会从中撮合，协助交易的成功。这一点在市场上非常重要，精明的玉商会从客户的表情和言谈中判断出其看货能力和对货物的喜欢程度，即使价格出到位，货主还希望能卖出更好的价格，这时中间人在其中撮合就显得非常重要了。

3）看货、看价以我为主

买卖双方在货品价格上总是一对矛盾，卖主希望高卖，买主希望低买。更有一些不法商人以假充真欺骗买主，需要买主具有一双"慧眼"，不管是介绍人还是货主，不管以前

做过生意与否，别人的话都不可信，看货取决于自己的眼光。决不能因为别人的观点而影响自己对货物真假和价格高低的判断。

4）谨慎看货谨慎还价

翡翠行内有个规矩：看货时货主会问你是否"对路"，如果不愿意买可以说不"对路"，如果问价就表明有购买的意向，卖主开价买主就要还价，讨价还价后货主同意卖就得成交，否则将被视为翡翠经营中之大忌。所以，谨慎看货谨慎还价十分重要，一般要从翡翠的颜色、水头、质地、裂绺、形状、大小、雕工等方面全面分析，结合自己对市场行情的了解和买入后可能的卖出价等情况得出心目中的最高接受价，以此价格为基础作适当的折扣为自己的开价。翡翠交易讨价还价是不可避免的，问题是如何买到自己理想价格的货品，确实要总结出自己的一套看货、还价的策略。

5）要赢得起输得起

任何一个翡翠营销高手都不敢保证自己的每一次进货都不会吃亏上当，再高明的专家也有"阴沟里翻船"的时候。一方面，我们要尽量避免受骗上当，更重要的是我们要有赢得起输得起的胆量与魄力。买高了就平卖或亏卖，买假了就丢掉，决不能再让它流入市场去害人。

掌握好以上原则的前提是必备的市场经验和看货眼光，这绝非一日之功，是长期的市场经验总结才能实现的。同时我们还要注意：不要在没看清楚货之前就盲目还价，这样很容易使自己处于不利的被动地位；不要在流动商的手上购买，他们常常是假货或欺骗性价格的制造者；要对自己的看货眼光有充分的自信心，如果对货有怀疑就不要看第二眼，更不要相信其他人的观点，让别人的观点影响自己对货品的判断。

7.2.4　市场交易要领

①了解自己所在地珠宝市场状况。

适合品种：手镯，挂件（观音、玉佛、生肖、花牌），戒面，手玩件，摆件。

②了解并熟悉进货翡翠市场状况。

卖货人员构成、主要交易方式、交易地点、交易规则与交易习惯、看货的方式方法。

③初到市场，多看少买。

④树立自信，克服心理障碍。

⑤只相信自己，不受外界环境所左右。

⑥随行就市，广交朋友，但要把握好尺度。

⑦保持平稳心态，在买卖中学会寻找一个心理平衡点。

⑧学会同各类人打交道。

⑨有"交学费"的心理准备。

⑩要有承受"精神打击"的心理准备。

⑪不要轻易评价别人的货，尤其在买卖交易过程中。

⑫交易技巧的过程：寻找买点——揭短；发现卖点——扬长。

【学后测评】

1. 简述翡翠交易的特征，并说明在这样的翡翠市场环境中进行翡翠交易需要遵循哪些原则。

2. 简述翡翠市场交易的要领。

任务3　翡翠消费者的类型

【知识目标】

1. 了解中国传统玉石文化；

2. 掌握玉的概念以及主要玉石品种；

3. 掌握中国四大名玉。

【能力目标】

知道玉石的含义和翡翠的含义。

【素质目标】

激发学生对本门课程学习的积极性。

【知识模块】

不可否认，中国人选购和佩戴翡翠有用于装饰目的，但是，他们的购买心理和行为已远远超过了美学的范畴，装饰仅仅是选购和佩戴翡翠的目的之一，应该说，传统的翡翠消费文化对他们的消费心理影响更大。历史上，翡翠是王宫贵族们的宠物，在一般百姓的心目中铸成了其高贵的地位，传统玉文化的渲染和翡翠功用的神秘传说才是吸引人们购买翡翠饰品的真正原因。通过对翡翠消费市场的观察和分析，可以将翡翠消费者分为四类：

1）传承翡翠文化的购买者

这类消费者以中老年人居多。他们对中国传统的翡翠消费文化有较全面和深刻的了解，出于信仰的原因、护身的原因或保健的原因而购买翡翠饰品。他们对翡翠功能的信念甚至可以达到顶礼膜拜的程度，对翡翠产生一种心理寄托，玉不离身。一旦身不佩玉，心里就会忐忑不安，出于信仰而佩玉的人似乎马上就会遭到神灵的罚伐，出于保健原因而佩玉的人可能马上会觉得身体不适。而更多的消费者认为它是一种高贵的首饰饰品，佩戴翡

翠是身份的象征或者是一种心理的满足。在翡翠的档次上可能会因人而异，他们追求的是拥有而不是翡翠档次的高低，他们会根据自己的消费能力作出适当的选择。

2）追求时尚的购买者

这类消费者又分两种情况：一是对翡翠饰品独特的偏爱。如喜欢翡翠的颜色、喜欢翡翠的含蓄、喜欢翡翠的晶莹剔透等。他们懂得如何鉴赏翡翠，能较准确地区分翡翠的品质，如果能力允许，他们是高档翡翠的消费对象或潜在消费者；一是对翡翠的消费文化似懂非懂，盲目仿效。他们可能了解佩戴翡翠饰品可以护身、具有保健功能等，因而对翡翠饰品产生一种盲目追求和仿效的心理，但对翡翠的质量、价格等没有足够的鉴别能力，更不会鉴赏其工艺价值。所以，他们是中低档翡翠的购买者，只要佩戴一块玉，就会在他们的心理上得到满足。

3）满足社会交往需要的购买者

所谓满足社会交往的需要，主要是指日常生活中以翡翠饰品作为礼品的馈赠活动。如亲朋好友或家人在过节日或生日时、生活中为酬谢对自己有过帮助的人时，以翡翠作为礼品馈赠给对方。这类消费者在购买翡翠饰品时，一般是一种计划性购买，即对购买什么题材的翡翠和购买什么价格的翡翠都有预先的计划，而购买者本人也一定是翡翠爱好者，并且对翡翠有一定的欣赏和鉴别能力。

4）以传世、收藏和保值为目的的购买者

中国人素有为子孙后代造福和为他们留点遗产的传统，他们购买翡翠饰品一方面是自己生前佩戴，另一方面是作为遗产留给子孙。同时，随着我国经济生活水平的不断提高，以收藏为目的的翡翠购买者也越来越多。他们把收藏有特色的或高档的翡翠作为自己的爱好，经常光顾珠宝店，寻找自己喜欢的翡翠工艺品。不管翡翠的档次如何，只要自己喜欢（如题材、工艺、巧色等）且在自己的购买能力范围内，他们一定会不惜花钱购买。还有一种消费者，他们对翡翠的资源情况比较了解，明白高档翡翠能够保值、增值，购买翡翠不仅用于佩戴，也用于储蓄。

以上四种类型的消费者，前两者一般是中低档翡翠的主要购买者，而后两者可能是高档翡翠的主要购买者。

任务4 翡翠的营销技巧

【知识目标】

1. 了解中国传统玉石文化；

2. 掌握玉的概念以及主要玉石品种；
3. 掌握中国四大名玉。

【能力目标】

知道玉石的含义和翡翠的含义。

【素质目标】

激发学生对本门课程学习的积极性。

【知识模块】

翡翠的市场营销是一个专业性很强的工作，从某种意义上来说，营销需要有独特的营销技巧。

作为翡翠营销人员，首先，要对翡翠的专业知识有全面的了解。如翡翠的颜色、水头、质地、工艺评价等，这是从事翡翠营销的基础。许多顾客可能有购买翡翠的强烈欲望，但由于自身对翡翠鉴定知识的贫乏，面对混乱的翡翠市场而一筹莫展。有了这些知识，才能向顾客介绍本企业的产品，才能取信于顾客，让顾客买得放心。

其次，要对翡翠消费的历史背景和文化内涵有全面而深刻的认识，向消费者大力宣传中华民族的翡翠文化，激发他们的购买欲望。另外，还要掌握顾客的购买心理，有针对性地进行推销和促销，才能将顾客的购买欲望转变成实际的购买行为。

在珠宝市场中，翡翠市场是最复杂、最混乱的市场，主要是因为有很多与翡翠外观特征极为相似的其他玉石品种以假充真，以及优化（B货）翡翠和处理（C货）翡翠以次充好给翡翠市场带来的负面影响。由于多数消费者对真假、优劣翡翠的识别能力有限，对翡翠消费缺乏足够的信心，总是对企业及产品充满戒备感。所以，我们从事翡翠营销的首要任务是让顾客消除这种戒备感，使他们相信本企业和本企业的产品，让他们建立起购买本企业产品的信心。

要以恰如其分的语言引导顾客认识本企业及产品，如我们只经营A货翡翠；我们的翡翠饰品全部经过权威鉴定机构的鉴定并配有鉴定证书；我们经营的翡翠确实是B货翡翠，它是真正的翡翠，且经人工优化后物美价廉。这些语言有利于顾客消除戒备感，建立对公司产品的信心，顾客对产品有了信心和信任度才能产生购买本公司产品的欲望。

要以翡翠的文化内涵激发顾客购买翡翠饰品的兴趣，如佩戴翡翠饰品可以作为护身符、可以健体强身等。作为一个普普通通的人，谁都希望一生平安，家庭幸福美满，身体健康，翡翠消费文化中的这些特殊功能一定会激发顾客对翡翠饰品的兴趣，进而产生购买行为。多数消费者对翡翠知识和翡翠工艺的认识是不专业的，或者是一知半解的。翡翠营销人员要以自己的知识和经验认识翡翠的品质、工艺和文化内涵。通过不同产品之间的比较，让消费者感受和认识什么是高档翡翠，什么是反映中华民族精湛的雕琢艺术的优质工艺；通过对翡翠饰品构成含义的讲解，让消费者了解每件翡翠饰品所代表的美好的寓意，对所选择的翡翠饰品产生拥有的期望，如常将绿色的部分放在佛的腹部谐音"福禄"，是"幸福美满、高官厚禄"的意思；佛的肚脐雕得大代表"大气"；佛的嘴巴雕歪着表示"为自己（佩戴者）说话"等，谁不希望一个好的预兆！消费者自然喜欢听这些吉祥的解释。如果能起到这种效果，我们的推销已经成功了一半。

翡翠的价格常常采用理解定价策略或心理定价策略，同样是受翡翠消费文化的影响。翡翠是一种文化内涵极为深刻的饰品，其深刻的文化内涵是任何珠宝饰品不可比拟的。既然是这样，不同的消费者对同一产品的文化内涵的理解不同，喜欢程度不同，喜欢者视其为珍宝，不喜欢者视其为平常之物，由此产生的心理接受价格自然不同。这就是翡翠饰品定价的基础。所谓"黄金有价玉无价"之说也是由此而产生。但是，"心理定价"并不意味着"漫天要价"，翡翠的定价要与企业的整体价格策略相符合。同时，产品定价是企业的事，顾客能否接受这个价格是另外一回事，翡翠营销人员要结合货品的成本、顾客的情感、公司的经营原则等综合考虑，在有关价格问题的谈判中，尽量使其向有利于成交和有利于公司利益的方向发展。

总之，翡翠营销是一项艰苦而有意义的工作，需要营销人员不断地学习和总结实践经验，才能成为一名合格翡翠营销人员。但是，世界上没有跨不过的坎，只要我们善于学习，勤于实践，注重总结，就一定会在翡翠营销之路上取得成功。

【实训模块】

实训目的：

掌握翡翠市场交易特征和营销技巧，使学生对翡翠市场认识更加深入，也对翡翠营销有自己的认识，并增强学生的应变能力。

实训准备：

1. 复习项目 7 的相关内容，收集柜台销售的资料。

2. 在珠宝营销实训室中准备翡翠销售柜台。

实训内容：

1. 模拟真实翡翠销售柜台交易情景，一部分学生扮演消费者，另一部分学生扮演销售员。

2. 就某一件或几件翡翠商品"消费者"进行详细咨询，"营销人员"根据掌握的知识进行介绍并磨炼推销技巧。

注意：本次实训根据实训基地柜台实际情况进行；实训过程中老师及学生均需特别注意货品安全。每人须完成两种身份模拟各两次。

实训考核评价表

检查项目和内容	实际得分（100分）			
	个人（20%）	小组（20%）	教师（25%）	企业（35%）
翡翠选购				
翡翠交易特点				
翡翠营销技巧				
实训态度				
合　计				

注：合计评分为四级制，优（≥90）、良（75~89）、合格（60~74）、不合格（≤60）。

参考文献

[1] 摩（仵）.摩（仵）识翠：翡翠鉴赏、价值评估及贸易[M].昆明：云南美术出版社，2006.

[2] 张培莉.系统宝石学[M].2版.北京：地质出版社，2006.

[3] 袁心强.应用翡翠宝石学[M].北京：地质出版社，2009.

[4] 2016翡翠网购市场将呈现4大新变化[OL].中国珠宝招商网，2016-01.